产品形态与设计

左铁峰　戴燕燕　吴　玉　著

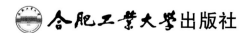
合肥工业大学出版社

图书在版编目（CIP）数据

产品形态与设计/左铁峰，戴燕燕，吴玉著.—合肥：合肥工业大学出版社，2021.3

ISBN 978-7-5650-5179-1

Ⅰ.①产… Ⅱ.①左…②戴…③吴… Ⅲ.①产品设计 Ⅳ.①TB472

中国版本图书馆 CIP 数据核字（2020）第 243245 号

产品形态与设计

	左铁峰 戴燕燕 吴 玉 著	责任编辑 袁 媛 张择瑞
出　版	合肥工业大学出版社	版　次	2021年3月第1版
地　址	合肥市屯溪路193号	印　次	2021年3月第1次印刷
邮　编	230009	开　本	787毫米×1092毫米　1/16
电　话	艺术编辑部：0551-62903120	印　张	16.75
	市场营销部：0551-62903198	字　数	330千字
网　址	www.hfutpress.com.cn	印　刷	安徽联众印刷有限公司
E-mail	hfutpress@163.com	发　行	全国新华书店

ISBN　978-7-5650-5179-1　　　　　　　定价：59.00元

作者简介

左铁峰

1972年生于黑龙江省齐齐哈尔市，毕业于鲁迅美术学院工业设计系，获装潢设计（工业设计）硕士学位。2019年任教于滁州学院美术与设计学院，艺术学三级教授，安徽省教学名师，天津工业大学设计艺术学硕士研究生导师。主持省厅级以上科研课题6项、省级以上教学质量工程项目8项，获得省级教学成果一等奖、二等奖、三等奖多项，作品多次获得国际、国家及省级奖项，为安徽省级产品设计专业一流专业及教学团队负责人，发表学术论文80余篇（CSSCI论文20余篇）、著作10余部、专利60余项。

戴燕燕

安徽省滁州市来安县人，毕业于安徽师范大学美术与设计学院，1997年至今任教于滁州学院美术与设计学院，副教授，为学院工业设计、产品设计专业带头人。2019年赴南京林业大学家居与工业设计学院访学。发表论文10余篇，主持省厅级项目4项，获得省级奖项3项，指导学生获奖多项。

吴　玉

1990年生于安徽省滁州市，毕业于韩国韩瑞大学国际艺术设计大学院工业设计系，获设计学（产品设计）硕士学位。2016年任教于滁州学院美术与设计学院，助教。主持安徽省人文社科一般项目1项，参与多项省厅级以上课题和教学质量工程项目，作品多次获得省级奖项，发表学术论文6篇。

内 容 提 要

产品是应人的需求、欲求出现的，它与人类生活及其文明演进密切相关、相伴相生，并以其泛在化与普适的属性，成为记录人类过往和彰显当下文化的重要介质与"参照"。产品设计是以产品为对象、以人及其相关系统为目标的创造性活动，其内容与形式庞杂、多样且对象广泛。它既是一项以"科技、经济"为基础和依托的物质财富创造行为，也是一项以"艺术、人文"为表象和内涵的精神理念构建活动。作为产品设计的主要物态显现形式和具体工作的重要构成部分，产品形态设计是以产品形态及其架构为着眼点和核心内容，依托与凭借形、色、质等物质化手段和方式，将产品设计由理念、构想转化为现实存在，并使产品各项内在和外在特质属性视觉化的过程。本书依据2012年教育部颁布的《普通高等学校专业目录及专业介绍》中有关产品设计专业和工业设计专业人才培养目标及课程设置等要求，本着"兼顾共性、突显特性"的原则，从产品形态及其设计的相关学理入手，通过具有原创性理论成果的论证、阐释与相关领域学术理论的深入解读，并依托大量经典"案例"的分析，在涵盖了"产品形态设计"及相关课程必要知识点的同时，满足对应专题或专项学习需要。其内容包括形态学与设计形态、产品形态与形态表征、产品形态设计解析、产品形态设计方法、产品形态设计原则，以及产品形态设计价值与矛盾等，力求使读者达成有效认知产品形态以及如何设计架构的学习目标。

本书适合工业设计专业（工科类）、产品设计专业（艺术类）的师生使用，可作为"产品形态设计""产品设计Ⅱ""专题设计"与"产品设计进阶"等课程的教材，亦可供广大从事产品设计的读者阅读、参考。

前　言

　　人与人的交流主要是通过语言来完成，而人与物的沟通则在一定程度上依赖于物的视知觉呈现。有关研究表明：人类至少有85%以上的外界信息是经视觉获得的，视觉是人类获取外界信息、认识世界的主要途径之一。产品形态设计达成的产品形态不但能给予人视觉上的呈现，还以肌理、动作、程序等要素的物态呈现，传递更多的产品信息。对于产品形态设计，形态既是产品各项属性的载体，亦是设计思想及其文化内涵的依托；而人对于产品的认知、理解与接纳也在一定程度上取决于产品形态设计呈现的表征。就物质型产品而言，人们在创造产品并使之具有某种功能的同时，也赋予了它一定的形态。现代产品一般给人传递两种信息：一种是知识，即理性信息，如常提到的产品功能、材料、工艺等；另一种是体验，即感性信息，如产品的造型、色彩、使用方式等。前者构成的是产品得以存在的基础与条件，而后者则更多地指向产品形态及其价值。新中国成立70余年特别是改革开放以来，我国已形成相对独立而完整的现代工业体系，是全世界唯一拥有联合国产业分类中所列的全部工业门类的国家。2010年，我国制造业增加值更是首次超过美国，一跃成为全球制造业第一大国。审时度势、因势利导，2013年9月和10月，国家主席习近平分别提出建设"新丝绸之路经济带"和"21世纪海上丝绸之路"的合作倡议。中国已成为驱动全球经济持续增长的重要引擎，拥有自主知识产权及鲜明特色的中国产品被寄予了厚望。中国设计制造的产品不但要满足本国人民对于美好生活的向往，更需面对世界民众的期待。因此，在产品设计领域中，产品形态设计作为产品设计的重要内容与主要显现形式，其地位与作用正愈发得到凸显，得到了更多设计师、企业与用户的格外重视和关注。

在现代设计的理论与实践中，设计形态的认知和架构一直就是各种设计理论、思潮、观念与方法论聚焦的要点与关注的主要对象。作为产品设计及其工作的物质表象与价值载体，产品形态既是设计工作具体、可观与可感的外在形式，也是用户认知设计、理解设计、感受设计与体验设计的重要媒介和途径之一。产品形态承载着设计者对于特定产品的理念与价值寄予，是设计工作的最直观彰显与现实存在。它犹如设计师的"语言"，在表述设计主旨、传递设计理念、体现设计价值的同时，也是与用户（环境）之间进行信息传输、沟通与反馈的纽带与桥梁。一个成功的产品形态设计，不仅需要设计者拥有新颖独特的设计创意、底蕴丰富的学理知识、独具慧眼的形态洞察力与鉴赏力，亦诉求设计者具备运用科学的产品形态设计方法及原则架构产品形态的实践能力，方能将所思、所想有效地转化为实实在在、生动具体的产品形态，呈现于世人面前。

本书作为2019年度安徽省级一流本科专业建设点（产品设计专业）项目（2019swjh12）的建设内容之一，是项目负责人左铁峰教授及其团队成员依托"设计艺术研发中心"多年进行相关课题研究的成果总结。书中的部分理论与实践成果具有一定的原创性、前瞻性和探索性。其中，戴燕燕老师完成的内容累计10.1万字，吴玉老师完成的内容累计2.1万字。同时，本书的撰写也得到了国内外多家设计公司（机构）、鲁迅美术学院、滁州学院及其他高校相关院部的大力支持，在此表示感谢。由于时间仓促以及个人知识水平有限等原因，书中一些观点与论述不免存在着某种程度的偏颇、疏漏和不足，敬请读者及设计界同人、专家给予批评指正。

2020.09

目　录

第 1 章

形态与设计形态

1. 本章重点

（1）形态与形态学的认知及形态的分类；

（2）设计形态的定义、构成与构建方式。

2. 学习目标

相对全面、科学地了解形态及设计的内涵，明晰设计形态的构成要素及构建方式。

3. 建议学时

4 学时。

　　大千世界，凡是我们眼睛可以看到、双手可以触及的对象，山川树木、河海湖溪、都市建筑、商场产品（图1-1至图1-4）……均是以"形态"给予认知。我们面对的物质世界，每个环境里都包含着无数大小不一、形色各异的形态对象。这些形态对象或蜿蜒曲折、姿态万千，或巍峨挺立、仪态庄重，或五彩斑斓、赏心悦目，或肃穆淡雅、虚静恬淡……凡此种种，共同构成了与我们息息相关、使我们赖以生存的多彩世界。

图1-1　山川树木

图1-2　河海湖溪

图1-3 都市建筑

图1-4 商场产品

1.1 形 态

1.1.1 形 态

关于形态，我国古代便有"内心之动，形状于外""形者神之质，神者形之用"等著名论述，指出了事物的形态应是"内与外""形与神"相辅相成、辩证统一的综合体。一个"优秀、成功"的物象形态，"靓丽的外形"只是一个必要条件，还需要一个同样富于价值的"精神内涵"与之相匹配，方可称为"完美"，即形神兼备、秀外慧中。形态（Form）作为中心词和常用词，使用可谓广泛，比如植物形态、骨骼形态、语言形态、人物形态等。一般意义而言，形态是指事物在一定条件下的表现形式。其中，"形"是指形象，是空间尺度概念；"态"是指发生着什么，是思维精神概念。如果说，宇宙是由物质构成的，那么任何物质都包含时（在某时间尺度）、形（在某空间尺度）和态（发生着变化）三种属性。物质的这三种属性以其固有的逻辑相互关联着，任何物质也是以这三种属性标示着存在。其中，形和态是物质可以被看见、感受到的属性，是特定物质区别于其他物质的主要物象表现与依据之一（图1-5）。

图1-5 2017年法兰克福车展，奥迪带来的电动无人驾驶概念车设计

而作为哲学概念的形态表述则更具本质性与指导性，其含义为：形态作为物体的一种个性特征，是描述物体内部与外部特点的轮廓。形态的创造就是在没有特征的背景中标示出一个有特征的形式，形成它与背景之间的差异，可以说人类生存的物质世界是一个以形态来确定、识别的世界，形态对于人的生存方式和生活方式至关重要。譬如，我们通过观察产品的"功能面"就能大致了解五金工具的用途；人们在购物网页上能够觅得心仪产品，产品的形态是其中重要的考量要素；在世界性组织中，国籍辨别的依据之一便是各自相异的旗帜。而在艺术与设计领域，形态的价值与意义则尤为凸显，更多地被予以了形状、神态和造型等概念的认知，并趋向于以符号学、语言学、行为学等视角诠释其表征和内涵，即形态不仅仅表示客观物象的形状、造型或内涵，还会以"特定形式"（视觉、触觉、听觉等）的综合构建，显示对象各视觉元素或物理结构间的关系所表征的功能，以及构成系统呈现的态势等。

1.1.2　形态学

形态学（Morphology）的含义来自希腊语Morphe，用来特指一门专门研究生物形式的本质的学科（图1-6）。作为生物学的主要分支学科，其目的是描述生物的形态和研究其规律性，且往往与以机能为研究对象的生理学相对应。广义言之，它包括研究细胞阶段形态的细胞学的大部分，以及探讨个体发生过程的发生学。狭义的形态学主要是研究生物的成年个体的外形和器官构造（解剖学、组织学和器官学）。基于此，形态学可划分为比较形态学（比较形态学主要研究生物族群间组织结构与功能结构上的变化轨迹）、功能形态学（功能形态学主要研究生物构造与功能的关系）、实验形态学（以实验来产生生物的形态改变，借以探讨导致生物体形态改变的因子）。

图1-6　鸵鸟骨骼形态

由此可见，形态学原本以自然生物形态为研究对象，并非针对我们可视视域内的所有形态，特别是人为形态。随着形态学相关研究工作的不断发展、演进，其观点及成果对于人为形态的观察与分析愈发凸显出诸多的启发意义和借鉴价值，尤其在设计领域，设计者更是不断地尝试以形态学的思维逻辑与方式方法来分析和考量设计创设的人为形态。其内容表述为：以设计创造的形态，如家电、建筑、标志、服装等外在特征（形状、体量、色彩和质地等）为对象，探寻与揭示它们表象下蕴含的内在特性（理念、价值、文化和人性等），并将其可视性与非可视性方面进行映射性、关联性与逻辑性研究，进而厘清设计造物形态的创设机理与特质。在当下设计领域，形态具有较多的角色与担当，其职能、含义和价值趋向于多层次、丰富性与拓展性。正如2001年国际工业设计联合会界定的设计任务所指出，设计应致力于发现、评估全球道德、社会道德、文化道德及人类利益和自由等在结构、组织、功能、表现和经济上的关系，应赋予产品、服务和系统以表现性的形式（语义学），并与它们的内涵相协调（美学）。而2015年国际工业设计联合会更是提出，设计应在经济、社会、环境和伦理层面为创造一个更美好的世界做出贡献。由此可见，作为设计重要的表现性形式，设计创设的人为形态不但关联与牵动着人类社会生活的方方面面，而且还承担并负有相关对象的语义表述和内外协调的重任与价值；它不仅是物质性设计对象的主要与核心内容，亦是非物质性设计对象的必要与关键要素。

1.1.3　形态分类

1. 现实形态与概念形态

随着形态学及其相关研究的不断拓展，现代形态学与形态的认知早已突破了生物学的领域局限，形态的分类也因领域、对象的差异而有所不同。在我们既有的经验体系中，形态可依据人的知觉发生机制划分为两大类：一类是能够被实际看到和触到的，即所谓的"现实形态"（图1-7）；另一类是视觉和触觉不能直接感觉的，只能被感受与体会的，即所谓的概念形态（思想、意识）（图1-8）。

鉴于产品形态从属于现实形态，因此，现实形态的进一步分类更具实际意义。现实形态因其形成主体的差别，可细化为自然形态和人工形态两种类型。

（1）自然形态

自然形态是指在自然法则下形成的各种可视或可触摸的形态，是未经人为加工的纯自然状态的形象，是自然界中自然形成的客观物质，是不随人的意志改变而存在的，包括人物、动物、植物、山石、江河等各种生物、非生物。同时，自然形态可依

图1-7　枝头蜻蜓

图1-8　老子的道家思想

据其机能特征划分为有机形态与无机形态。有机形态是指可以再生的、有生长机能的形态，它给人舒畅、和谐、自然、古朴的感觉，但需要考虑形本身和外在力的相互关系才能合理存在（图1-9）。无机形态是指相对静止，不具备生长机能的形态（图1-10）。自然形态往往是特定、难以复制和不规则的，具有偶然性与非秩序性的特征。

图 1－9　水母

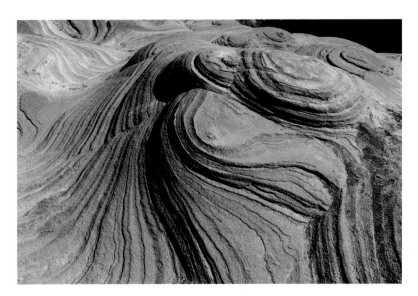

图 1－10　砂岩

　　模仿自然形态来造型，是人类最早付诸行动的造型行为，如早期的彩陶纹样（图 1－11）、岩画、象形文字（图 1－12）等。自然界是人类设计造物活动取之不尽、用之不竭的源泉。通过对自然形态的观察、认识、研究，人类的造物活动可谓受益良多。如模仿水中贝类动物的曲面壳体，现代建筑师设计了许多大跨度的屋顶和螺旋式楼梯等形态（图 1－13）；吸取蛋卵及橘子等带皮类水果的构造优点，设计师设计了具有防震功能的包装；将自然形态巧妙地应用于家具设计，天鹅椅、蚂蚁椅等经典设计便应运而生（图 1－14、图 1－15）。

图1-11　马家窑文化彩陶

图1-12　太阳、山川、河流

图1-13　悉尼歌剧院

图1-14　天鹅椅

图1-15　蚂蚁椅

（2）人工形态

人工形态是指经人类加工和创造的形态，是人类有意识地从事视觉要素之间的组合或构成活动所产生的形态，是人类有计划、有目的活动创造的结果，如建筑物、汽车、轮船、桌椅、服装、雕塑及绘画等。同时，根据其使用目的和价值取向的差异，人工形态的具体诉求也不尽相同。其中，建筑、汽车、轮船等人为形态是以居住、出行等为目的，有效地满足行为实施的功能需要是其形态的基本诉求（图1-16）；而雕塑、绘画则属于一种将形态本身作为欣赏主体的形态，艺术的魅力、感染力构成了其价值的核心所在（图1-17）。

图1-16　布加迪卡车设计

图1-17　美第奇头像素描

人工形态是特定历史时期与特定地理环境下某个民族或团体政治、经济、文化与生活等各种信息的载体。它以物质的形式记录和映现着人类文明的发展程度与水平。作为人类认识自然、改造自然的重要组成，人工形态的构建活动一直是在继承传统文明基础上，不断地创新与发展的。它在满足人类多样物质与精神需求的同时，丰富与拓展着人类的生活状态和生存空间，并驱动着人类文明的脚步持续前行。

2. 具象形态与抽象形态

作为形态的另一种分类方式，抽象与具象形态的划分依据是：对象被人为"提炼加工"的程度。具象形态是指未经提炼加工的原型或人工痕迹较少的形态，即上文所述的自然形态和人工形态的部分，如树叶、古典主义绘画、卡通人物等。抽象形态是指人工从自然形态演化而来且提炼程度较高的形态，它既包括现实形态舍去种种属性之后剩下来的形式，还涵盖把概念的几何学形态转化为可以感觉的、直观化的物象……它既可是现实形态基本构成的要素呈现，亦可为人类抽象逻辑的物态表现。例如，我们常常在各种构成练习中所使用的点、线、面等和数学曲线构成的圆、回转体、斐波那契螺旋线等（图1-18、图1-19）。

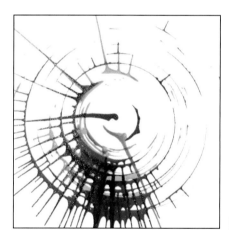

图1-18 发射构成

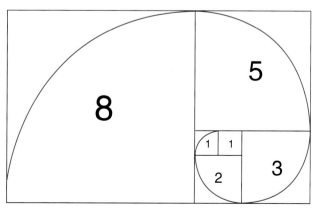

图1-19 斐波那契螺旋线

1.2 设计形态

我们把人类在自然界创建的"第二自然界"称为人造物系统（或称人为系统）（图 1 - 20）。由人造物系统的层级结构可知，产品设计、环境设计、服装设计等设计活动从属于结构的中层，它既有别于传统意义上的"艺术造物"，亦不同于一般性的手工与技术造物，是实用与审美统一且与人的生活发生最密切关系的物类，具有"泛在化"与普适性的属性特质。作为人类以设计的思维与方式完成的造物，其设计形态不但时时伴随于你我身边，而且是以对象群体的"最大公约数"诉求作为设计的主要取向。

图 1 - 20　人造物系统

1.2.1　设计形态定义

顾名思义，设计形态即是以设计手段和方式完成的形态。作为设计及其工作的物质表象与价值载体，设计形态既是设计工作具体、可观与可感的外在形式，也是用户（环境）认知设计、理解设计、感受设计与体验设计的媒介之一。在现代设计的理论与实践中，设计形态往往承载着设计造物活动的绝大部分信息，它犹如设计师的"语言"，承担着表述设计主旨、传递设计理念、彰显设计价值的职责与任务，是设计者与用户（环境）之间信息传输、沟通与反馈的纽带与桥梁（图 1 - 21）。因此，构建相对全面、科学与系统的设计形态认知，无论是对于设计学相关学理的完善与拓展，还是设计形态实践方法论的整合与架构，均具有极为重要的理论价值与现实意义。

基于现代设计的内涵与特质，设计形态的研究与工作对象可谓包罗万象。根据现代物理学的维度分类，设计形态涵盖了从零维到四维的各种维度，以二维、三维为常见的主要形式；按照我国现行的设计学科专业门类划分，设计形态包括了产品设计形态、环境设计形态、视觉传达设计形态、服装与服饰设计形态等内容；而遵循现实形态与概念形态的分类，设计形态则主要指向的是现实形态中的人工形态。无论是基于

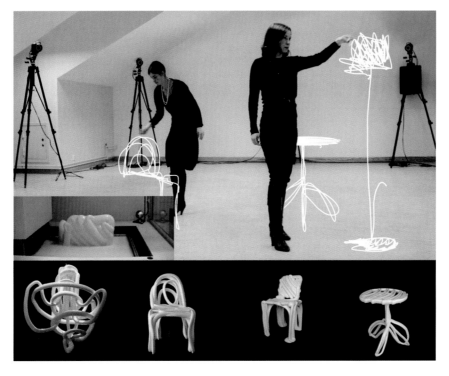

图 1 - 21　草绘家具设计

何种理论、学科或实践的考量，设计形态的构成因素是相对确定的。依循内容与形式、本质与现象的唯物辩证法，设计形态可分解为两个有机部分，一为描述设计形式与现象的"形"，二为揭示设计内容与本质的"态"，而设计"形"与"态"服务、表述的对象是设计。因此，探讨与架构设计形态实践方法论的问题关键在于"如何成形"与"怎样塑态"，并使之协调、统一于设计活动之中。而认知与厘清何为设计的"形"与"态"，便成为解决问题的基础与前提。

1. 设计"形"

依据设计形态学，设计的"形"主要是指设计及其工作可被视觉、触觉等感官所认知的设计物外在表现形式，是设计呈现的各种表征因素构成的现象。通常情况下，我们可以用"造型"来描述设计"形"的架构，常见的设计行为表现与工作内容包括尺度、形状、比例、材质及结构、层次关系等设计物物理表象因素的创设、选用与推敲，属于设计工作的形式和现象层面内容。比如，设计师笔下的汽车造型（图 1 - 22）、电脑呈现的居住空间形象（图 1 - 23）及模特身上的服装样式等。在设计领域，设计"形"的架构可理解为设计艺术的"造型"行为。而所谓的造型，就是创造物体形象。设计造型通常是设计者依托形状、色彩、材质等媒介，以既定的思

图1-22 手绘汽车造型

图1-23 居住空间设计

想、学理为指导，以相关的法则与技能为手段，以一定的科技与工艺为方式，完成的可视、可感的物质形象。体认其表象，它既是一项设计工作的具体实施，也是设计区别于其他人造物活动的现象之一。

2. 设计"态"

设计的"态"主要是指设计及其工作依托其"形"，可被心理、情感等所体认的设计对象内在各种信息构成的总和，可以对设计及其工作的内涵信息与本质属性予以认知。通常，我们可以用理解、感悟与体验等词汇去描述设计的"态"，是设计对象通过其机能运行、行为发生、结果效应等所表现的能够被用户心理（环境）解读（契合）的信息。落实于具体的设计活动，设计"态"主要表现为构思、规划、创意等设计思维内容，其中包括预设的设计物效用、运用的设计学理、构想的设计主题与拟用的科技手段等。例如，在法国设计师菲利普·斯塔克的"导演椅"（图1－24）设计中，坐具、仿生、情感和注塑便是构成作品"态"的关键词。与设计"形"关注形、色、质等具体的设计物表象不同，设计"态"的架构主要面向的是设计的基础、本质与核心因素，是设计及其活动中相对隐性的属性与特质，是设计内在的涵义与价值的彰显，是设计造物活动的"神"与"魂"所在。

图1－24 导演椅（菲利普·斯塔克设计）

1.2.2 设计"形"与"态"的关系

基于目前设计学与形态学的认知，设计"形"具有外显与表象特征，是设计给予用户与环境的客观物象表征；而设计"态"则具有隐性和本质化属性，是设计依托"形"的内在"神"与"质"。在具体工作中，设计"形"与"态"的关系主要表现为设计的"外"与"内"、"表"与"里"的协调统一关系，其问题的实质是唯物辩证法的现象与本质、形式与内容的关系。

1. 指向关系

依循唯物辩证法内容与形式、本质与现象辩证统一的关系，在设计"形"与"态"构成的系统中，"形"是设计"态"的存在方式与外在表现，是"态"的结构和组织，具有个体性、局部性与变化性等特质，是"形"与"态"构成系统中的形式与现象因素，汇集、构成的是设计物的各种外部信息；"态"是设计"形"的存在基础和内在动因，是设计的内在诸要素（物质与精神）的总和，是设计的根本属性与特征，是同类设计"形"中一般的或共同的因素，属于"形"与"态"构成系统中的内容与本质部分。就特定的设计物而言，设计的"形"与"态"分别标示着设计的"外"与"内"，二者之间存在着一定的逻辑指向关系，即一定的设计"形"需要一定的"态"的依托，而一定的设计"态"也会衍生出一定的"形"。依循认知心理学，

图1-25　京剧脸谱（1）

图1-26　京剧脸谱（2）

这种"指向关系"既与设计者和设计物的个体因素有关，也与用户（环境）的既定认知经验关系密切。正如中国京剧的脸谱一样，艺人可以通过勾画不同的脸谱图案以饰演不同的角色，而观者也可通过特定的脸谱造型判断不同角色的性格特征（图1-25、图1-26）。

需要说明的是，设计的"形"与"态"虽存在着一定的"指向关系"，但这种"指向"不是单纯、绝对的"因果关系"与"对应关系"，而是以相对独立的状态存在着。根据唯物辩证法，在设计"形"与"态"构成的系统中，同一"形"可以容纳或表现不同的"态"，而同一"态"也可以有多种表现的"形"；同时，旧"形"可以服务于新"态"，旧"态"亦可以采用新"形"。设计领域常见的"一形多态"与"一态多形"正是这种辩证关系的具体彰显与印证。例如，在汽车的设计生产实践中，相近"造型"的汽车可能源自不同的设计理念和基于不同的生产平台（图1-27）；而在相对同一的人员与技术条件下，厂家亦会不断地推出不同的车型（图1-28）。

图1-27　起亚K4、K3、Cee'd-020车型

图1-28　大众PQ35平台的奥迪A3、西亚特、第5代高尔夫

2. 叠态关系

在设计形态构成的系统中，设计的"形"与"态"既相互独立，又密不可分；既彼此左右，又呈现出动态的发展态势。设计的"形"与"态"是不可割裂与孤立的整体，二者共同"叠态"地反映于设计及其工作中（图1-29、图1-30）。在书法、绘画和舞蹈等艺术活动以及武术、体操等体育项目中强调的"内外合一，形神兼备"，也是这种关系、原理的映射与诠释。

图1-29　"兽首门环"开瓶器设计
（设计取"兽首门环"之"形"，标明
开瓶器"开启"的"态"）

图1-30　科普广场雕塑设计
（"形"源于"太阳系星系图"，相对
直观地讲述"天体知识"的"态"）

"形而上者谓之道"，设计"形"需要出色"态"的支撑才会具有"道"的无穷底蕴与深邃魅力。同时，设计"态"同样需要优秀"形"的彰显才会"尽显其能""畅所欲言"。环顾世界优秀的设计作品，"形劣、态优"与"形优、态劣"都是少有与乏陈的，而"形神兼备"者却不胜枚举，形与态的协调、统一一直以来就是人类设计造物活动的理想与追求。"形式追随功能"的倡导者、芝加哥学派的现代主义建筑大师路易斯·沙利文，其代表作品圣路易斯的温莱特大厦并非只讲"态"而不顾"形"的设计。其设计结构体采用钢框构架代替了承重外墙，立面处理摆脱了传统思维而有所创新。同时，大厦的"装饰"也随处可见，并给予这座大楼以形态上的个体统一性。对于这些"装饰"，沙利文认为，"装饰的有无在设计的最初时就必须加以确定"。作为与之相"对立"的设计形式主义，虽然强调审美活动的独立性和艺术形式的绝对化，提出几何形体和纯粹色块的组合构图设计理念，但作为其代表者的荷兰设计师格里特·托马斯·里特维德设计的"施罗德住宅"，却在强化"形式"的同时，以其开创性思想与理念的独特"态"，成为现代建筑的重要典范和先导之一（图1-31）。

图1-31　施罗德住宅

3. 决定关系

对于设计及其工作而言，设计的"态"属于设计的内容与本质范畴，而设计"形"则可界定为设计的形式与现象。根据唯物辩证法，内容和本质决定形式与现象，是形式与现象的根据，且总要表现为一定的形式与现象。由此及彼，在设计形态的系统中，设计的"态"构成了其"形"的决定性因素，是"形"描述的对象，指导、界定与规范着"形"的面貌，并以"形"作为其表现、阐释的手段与方式。具体而言，设计"形"的构建需要依托、服务于表现设计的"态"，"态"的内涵与主旨是"选形""用形"与"调形"的关键依据与指导原则，是设计"形"从"雏形（原型）""成形"到"完形"等各个阶段工作围绕的核心与检验的尺度（图1-32）。基于既有的设计学认知，在设计"态"的导引下，设计"形"达成的学理来源与原则依据设计符号学、美学与人机工学等内容而实施的手段和方式，则主要指向了"造型"所需的材料、成型及其工艺等。其中，设计符号学解决的是设计"态"以何"形"来表述，实现的是设计"态"的"不言自明"；美学是以审美的视角与原则处理"态"与"形"的协调问题，达成的是设计的物质与精神的双重效应；而人机工学（交互设计）则强调设计"形"、表述"态"的效率或原则。该项工作的实施犹如一场学术

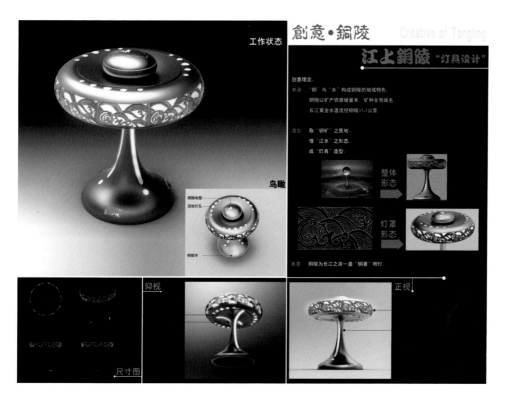

图1-32 江上铜陵灯具设计

演讲，围绕演讲"主题"，在设计符号学的指导下，设计"形"可视作演讲者的"语言"。它首先应做到能够准确、全面地"说明"设计"态"——听懂；遵循美学的原理与法则，会使这个"语言"变得格外生动、曼妙——好听；而人机工学的组织、调整，则促使"语言"与用户、环境等因素之间取得和谐——悦耳。同时，设计"形"所需的物质支撑——材料构成了"语言"的具体"音符"，成型方法指导着"音符"的组合、排列方式，工艺则是"音符"采用的"语气、语速与腔调"（图1-33）。

图1-33 "艾德莱斯"无线音响设计

由上述类比可以窥见：设计形态是一个构成因素庞杂且因素间彼此关联的系统，设计"态"是系统的核心与节点，设计"形"是各种因素及其相互作用呈现的表象。在该系统中，任何因素的变化都会直接或间接地影响到"结果"的状态；同时，"结果"的状态并非哪一个因素独立决定的，各因素有机、协调、互为补充地发挥作用才是"结果"有效达成的途径，而且"结果"的实现途径也会因介入因素的"丰富"而趋于多样化、综合化。因此，设计"态"虽决定着设计"形"的基本面貌，但这一"决定"的内涵与方式却是复杂的、综合的，且处于不断发展、变更与调整之中（图1-34）。自英国工业革命以来，先后出现的以艺术为中心、以技术为中心、以消费为中心、以人为中心与以自然为中心等不同的设计思想、理念，便是这一"决定"特质的具体写照。

图1-34　指纹锁的不同"形"设计

4. 能动关系

依据上文所述，设计的"形"与"态"的指向关系不是单向与被动的，叠态关系也不是简单与无序的，决定关系更不是刻板与机械的，二者应是一种双向、动态和发展的能动关系。在设计"形"与"态"构成的辩证统一体中，设计"态"虽然决定着设计"形"的基本态势与走向，是设计"形"依托和凭借的对象，但设计"形"也常常会反作用于"态"，并影响着"态"的内涵和价值，对"态"的发展具有阻碍的效应。当设计的"形"达到或超出"态"的诉求时，这种作用就会表现出"完善"、"提升"与"延伸"等效应，反之则会走向"缺憾""限制"，甚至导致"误解"（图1-35、图1-36）。

结合现代设计，

磨壶

感受原始气息。

图1-35　"磨壶"设计

图1-36 "摩菲"咖啡机设计

在具体的设计实践中，对于设计者，设计"态"的构想与设定往往处于构建工作的前置地位，设计"形"的勾画与呈现常常发生在"态"的构建之后。正如李嘉诚先生所言，栽种思想，成就行为；而对于用户和环境，这个过程与结果则往往是逆向的。依循认知心理学，一个新事物的出现，人们常常不能直接了解其内部心理过程，而是要通过观察输入和输出的讯息来加以推测。同样，新事物融入一个既定的环境（人文环境和自然环境）也需要一个"接纳"过程。因此，在用户与环境通过设计"形"的讯息分析来推测、接纳设计"态"时，便存在着认知摩擦与认知能动问题。美国认知心理学家唐纳德·A.诺曼认为，在面对由特定设计"形"构成的设计模型时，认知摩擦的存在使得用户理想模型与设计现实模型之间可能存在近乎迥异的设计"态"信息；而认知的能动性则会令这种设计"态"的认知超出（或低于）设计者的既定"范畴"与"预期"，出现言者无心、听者有意的现象（图1-37）。

实现模型
反映科技

表现模型

较差　　　　　较好

心理模型
反映使用者的想象

图1-37 认知摩擦图示

同时，就特定的设计"态"而言，高效、优美与合理的设计"形"会有效地丰富、拓展与提升设计"态"的内涵和外延，而拙劣、丑陋与蹩脚的设计"形"也会使原本科学、新颖和健康的设计"态"出现"折扣、曲解"，甚至"夭折、流产"。就上述层面的涵义而言，设计"形"是设计及其工作极其重要与关键的要素，是设计给予他人（对象群体）认知信息的主要载体，更是设计能够触动、激发他人（对象群体）的着力物与动情点，属于认知学的本能水平（设计物外在表现的效力）。而设计"态"则是依托与借助设计"形"的本能效应作用于人的思维和心理，是驱动人（对象群体）达成相关行为与情感的内在动因，属于认知学的行为水平与反思水平，是决定"形""如何走"与"走何方"的底蕴渊源与价值取向。正如欲了解文章的思想要从阅读开始，而阅读要以开篇的字符为起点；体味音乐的内涵始于倾听，而倾听要以前奏的旋律为发端。需要说明的是，重视与关注设计"形"对于"态"的促进或阻碍的作用，并不意味着设计的"唯形式论"，而是强调设计"形"与"态"的互为能动效应，眷注二者互为依托、诠释的价值与意义。同时，对于设计"形"与"态"的互为能动性认知，也有助于相对科学、全面地认识与理解设计领域中"功能与形式"的辩证关系（图1-38、图1-39）。

作为设计造物活动的重要内容与主要表现形式，设计形态的认知是一项复杂的系统工作，来自设计者、设计物、用户与环境等内部与外部的各种因素均是其复杂性、系统性的重要成因。对设计形态的认知是一个不断更新、修正与发展的动态过程，这是由设计学科理论与实践的相关属性与特质决定的。我们所能看到的设计现象或设计作品、风格、流派、新理论与新方法都是对经济与社会发展的"羞答答的臣服"或"无力的抗争"。纵观现代设计学的发展史，设计的变迁与进化常常滞后于经济的发展、社会的进步、技术的革新与知识的革命。相较于社会、经济、技术、文化，设计总体上是处于消极的、被支配的地位，表现为人类文化各个历史发展阶段的彰显与衍生。因此，随着设计学科及其相关领域理论与实践的不断嬗变、推进，设计形态的认知深

图1-38　R601PW电子管收音机

图1-39　收音机创意设计

图1-40 郁金香椅

（该设计形态考虑了仿生学与人体工
学，并与新材料、新技术紧密关联）

度、广度亦会不断地得到拓展、丰富与完善（图1-40）。

1.2.3 设计形态构建

设计形态的构建涉及设计形态如何从构想、草创、成型、推敲到完善的方法与策略问题。核心内容包含了两个层面：一是采取何种载体；二是依托何种学理。需要明确认知的是，作为设计工作的讯息记录与显性形式，设计形态构建的内容将取决于设计工作自身因素及相关外部条件（图1-41）。而设计工作自身因素则涵盖了设计理念、设计手段及设计对象等形式。其中，设计理念提供了设计形态得以构建的创意来源和学理依托，是形态建构的灵魂与主旨，决定着构建的策略和价值；设计手段包括了设计素材、工具及方法论等，满足的是形态建构所需的物质资源与实施方式；设计对象是从设计目标物的属性特质及其预期功效等视角界定与明晰形态构建的取向；至于设计形态构建的外部条件，主要是指设计服务的人群、设计应用的环境及相关系统（设计物及其行为存在与

图1-41 心心相"映"——社区服务中心设计

（该设计自身因素包括仿生学设计理念、手绘+计算机辅助设计、社区服务
中心；外部因素主要是指江南某城市的社区居民及其人文、生态系统等）

产生效应的人为与自然系统）等多个层面要件，达成的是设计形态契合、共存与共生的任务、使命和职责担当。

按照设计形态的内涵构成，设计形态的构建主要是指设计"形"与设计"态"的构建。

1. "形"的构建

基于设计造物活动的"人造物"属性，讨论设计"形"的架构时，我们不仅要着眼于"形"的描述性，也要着眼于其规范性。在具体的设计实践中，设计"形"架构的描述性主要涉及"形"的来源和"形"的草创；而设计"形"架构的规范性则主要表现在"形"的推敲与"形"的完善方面。首先，按照"形"的现实形与概念形的分类，设计者在设计理念的驱使与策动下，来自我们经验体系中的"形"（自然形、人工形）与存在于观念之中的"形"（科学形、抽象形）均可成为设计"形"的"原型"。而设计"原型"的选择则主要取决于设计的理念诉求、设计者的惯常取向及设计受众的认知等因素（图1-42）。其中，设计理念是处于因"事"而异的变更中，设计者取向与受众认知则是相对稳定的因素。随着设计"原型"的设定，设计"形"的草创就是将这种"原型"初步转化为设计"雏形"的工作，呈现的是设计初步形成的面貌与未定型前的形式，主要的物质表现形式为设计草图、草模或纸样等，是设计实实在在"形"的出现（图1-43、图1-44）。一般情形下，设计"形"的草创不是

图1-43　吸尘器设计草图

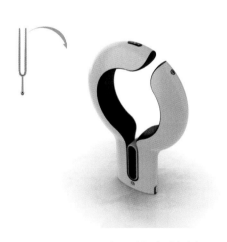

图1-42　"启·乐"音响设计
（该设计原型来自"音叉"）

图1-44　设计草模方案

设计"原型"的简单描述与重现，而是思维层面的设计诉求、取向、认知等与实践领域的表述能力、手段、方式等综合因素，经糅合、发酵后的"重生"与"再现"，是设计者主动性、能动性与创造性的展现和记叙。鉴于"形"的来源和"形"的草创均属于设计"形"前期的描述性工作，因此，该阶段虽"受限"于设计诉求、取向与认知等因素，但更强调设计者思想灵感与创意火花的记录，彰显的是设计者天马行空的奇思妙想和独辟蹊径的计上心头。表现在具体的物象上，设计"形"往往是夸张的、浪漫的，甚至是荒诞不经、不成章法的，属于设计活动中相对"宽松自由"的阶段。

需要明确的是，人工物是通过功能、目标与适应性三方面来表征的，设计造物并不是单纯的设计者个人主观的随性行为，其目的是为物品、过程、服务以及它们在整个生命周期中构成的系统建立起多方面的品质，而"多方面品质"的达成需要源自各种构成要素"放与收""张与弛"的互为限定与制约。歌德曾说过："在限制中方显大师本色。"在设计"形"的架构方面，"限制"主要体现与着眼于"形"的推敲与完善的规范性操作上，目的在于使经过"原型""雏形"阶段的设计"形"达到或超越"规定标准"。而这个"规定标准"则主要来自构成设计活动各个要素（设计者、设计物、生产、流通、用户与环境等）的契合、认知与共识诉求。在具体的设计"形"架构中，规范性主要彰显于针对设计对象既定的"态"、标准、程式与取向、诉求等因素所进行的调整、限定和纠偏等工作。其中，设计的既定"态"左右着设计"形"的基本态势；对象的既定标准、程式界定着设计"形"的基本面貌；而设计的取向、诉求则指向着设计"形"的基本目标。在设计领域，常见的"同功似形"便是这种"规范性"的具体体现与印证（图1-45、图1-46）。

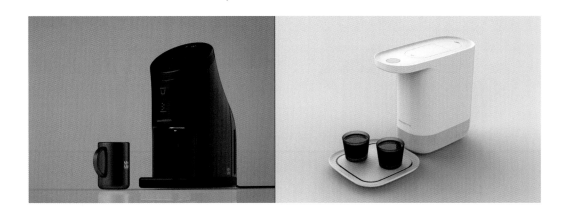

图1-45　咖啡机设计（不同款的咖啡机都具有一定体量盛纳液体的"腔体"）

图1-46　卧室设计（设计取向不同的方案有着相近的基本形）

　　相似也好，相仿也罢，一个不争的事实是，世界上没有两片完全相同的叶子。依循哲学关于世界统一性和多样性关系的原理，统一的物质世界是以多种多样的形式存在与发展的。具有相似（相仿）"态"的设计物会存在（也应存在）着多样性的形式表现。设计造物活动虽追求创新，但"创造新物种"并非设计"创新"的全部，更多的是"既有物种"的"新形式"。否则，设计师就不能被称为设计师，而应是发明家了。大量设计造物表现出的"同功不同形"正是这一思想与观念的诠释。设计"同功不同形"的成因是多方面的，涵盖了内因与外因两个层面。其中，设计者的个体差异是主要的内因，而由不同用户与环境的差异取向、诉求等构成的外因，也会令特定设计物的"形"呈现出迥异的"姿态"（图1-47至图1-49）。

图1-47　马克·纽森设计的
充满唯美色彩的"Lockheed躺椅"

图1-48　查尔斯·伊姆斯设计的
强调人机曲面的"LCW休闲椅"

图1-49　柳宗理设计的
凸显仿生魅力的"蝴蝶凳"

总而言之，设计"形"的架构是个具有综合性、特殊性、辩证性与系统性的工作。它一方面具有相对"自由"的描述性特质，是设计者以具体的"形"来绘制与表述"设计"；另一方面，它还具有相对"制约"的规范性，是设计者在既定诉求下完成的设计"描述"。设计"形"的架构就是在这种"自由"与"制约"的辩证关系场下进行的造型活动。

2. "态"的构建

就设计形态而言，"形"即造型，而"态"则指向造型的"神"。根据中国南北朝时期著名的唯物主义思想家范缜在《神灭论》中提出的"形神相即"观点，设计的"形"与"态"应是相生相伴、名殊而体一的统一体。基于阿恩海姆的视知觉理论，设计的"形"是可以为人感官直接感知的外在信息；而隐藏在设计内部的"态"，由于它的间接性和抽象性等特质，需要凭借和依托设计"形"，在设计物的实践操作与应用效应中，借助理性的思维与感性的体验才能够被把握和洞悉。在具体的设计实践中，设计"态"的架构主要涵盖了设计效用的构造与设计理念的建立等内容，属于设计"质"的架构。其中，设计效用是设计"态"架构的基础，奠定的是设计"态"的基本诉求与框架，是相对客观与确定的因素，回答的是设计及其工作开展的必须与必要性问题；而设计理念则是设计"态"架构中相对主观与活跃的因素，它以设计效用为依托，达成的是设计"态"特质性的走势与趋向，是设计"态"架构"神"与"质"的主要和关键内容，回答的是设计及其工作开展的策略、途径与价值问题（图1-50）。

本设计以诠释滁州市图书馆的地理区位、职能属性与建筑主题等为设计理念基点；以滁州市图书馆的英文（Chuzhou Library）的首字母"C""L"为造型手段，阐释了Logo的地理属性（滁州市）、职能属性（图书馆）及国际意识；以图书馆的主要媒介物"书"、建筑主题"蝴蝶、蚕茧"与"秧苗"等视觉语言，通过"书的开启""蝴蝶展翅"与"秧苗成长"等形态的构建，在阐明图书馆功能属性、契合建筑设计主题的同时，喻示着读者在图书馆的陪伴下，一如化茧成蝶——振翅四方、视野开阔；二如甘霖润苗——日就月将、精进不休，彰显了图书馆"阅读成长"的主题。

图1-50　Logo设计

首先，依循经济学的概念，设计效用是指在由设计物与用户及相关环境构成的系统中，设计物具有的功效和作用，是设计者通过设计物使得用户需求、欲望与期望等得到满足的一个度量。设计效用包含着设计物的功能、效应、作用和价值等因素，同设计对象的构造与能力等信息相对应。比如，能够让老人产生回归童年体验的坐具设计，使公司团队成员形成向心力的标志设计等。在设计构成的系统内，设计效用的内涵、对象与用户、环境及设计物自身均有着密切的关联性，与"需求"存在着因果的辩证关系。对于人的需求，按照马斯洛的需求层次理论，人的需求按照由低到高依次划分为生理需求、安全需求、归属与爱的需求、尊重需求和自我实现需求五类；对于环境的需求，主要包括自然与人文环境的健康、可持续与发展需求等；对于设计物的需求内涵，材料指标、构造效率、能源配置与生产工艺等均是其重要的构成要素。而设计效用的架构则是对上述各项"需求"的响应与满足，并在一定程度上，按照"响应"程度的差异、优劣评价其"效用"的价值。"回复"人的需求，设计物的物质功能"给予"与精神功效的"寄予"构成了设计效用的基本内容；"解答"环境的需求，设计效用主要表现为绿色设计、生态设计及自然主义设计等设计学理的运用及其效应的达成；而"餍足"设计物自身需求，则重点体现在设计物的构造以及功能设置的科学性、合理性上。同时，设计物的用材、工艺与流通等生产、加工与销售领域的考量，也是必要与必需的。值得关注的是，设计效用并不等同于"功能决定形式"中"功能"的涵义。与之相较，作为设计"态"的重要构成因素，设计效用在重视设计"形"对于设计"功能"的对应、协调与关联的同时，更关注设计设定的功能、效应对于设计"形"的作用与价值。依循设计语义学的观点，设计效用的内涵指向应是设计的能指与意指的总和，而非其一（图1-51、图1-52）。

图1-51　KLIPP极简钟表设计，让读取时间变得有趣

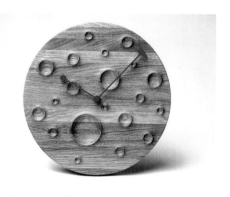

图1-52　挂钟"60分钟内绕月球"

其次，作为设计"态"构成的另一个方面，设计理念是设计者在设计过程中所确立的主导思想，是贯彻设计活动始终的核心主旨，是设计活动及其结果的精髓所在。按照设计理念解读为设计学理与设计创意的二元论观点，设计理念的创设将包括设计学理的选用与设计创意的构思两个层面的内容。其中，设计学理的选择具有相对的确定性，其关键在于选定设计学理的全面、科学的认知与其发展、变通式的运用，解决的是设计理念架构的依据和途径问题，构成的是设计理念中偏于"理性"的一面。需要说明的是，设计学理的内涵与构成是一个不断发展、更新与完善的动态体系，存在着因人而异、因时而异与因"事"而异的"确定中的不确定性"。同时，就特定的设计理念而言，它依托与运用的设计学理也不具有"唯一性"，常常表现为多个设计学理的"合力之效"，这与设计工作的复杂性、综合性与系统性等属性不无关系。相对完整的设计理念需要来自设计学理与设计创意不可或缺的"合奏"效应，设计创意依托设计学理而趋于有理可依、有据可循；设计学理经由设计创意的"点拨"而变得"生机盎然""尽显其能"，二者共同作用于设计理念的"全貌"（图1-53）。

图1-53　美国F35战机

（仿生设计+隐身设计+先进的电子系统+超音速巡航能力）

作为设计造物活动的重要内容与主要表现形式，设计形态的架构是一项复杂的系统工作，源自设计者、设计物、用户与环境等内部与外部的各种因素及条件，均是其具有复杂性、系统性的成因要素。在设计造物活动构成的系统内，相较于其他活动，设计形态的架构最具基础性、实践性与现实价值。值得注意的是：设计"形"与"态"的架构不是彼此孤立与割裂的，而是辩证统一于设计形态的整体之中，共同满足、服务于设计及其活动诉求。同时，与其他设计学领域的理论与实践一样，设计形态的架构也是一个需要不断更新、修正与发展的动态体系。设计及设计形态的认知是人类社会文明整体的重要组成部分，并与相关科学和技术的发展关联密切。随着设计学科自身及其相关领域理论与实践的不断革新与演进，设计形态的架构方法论也随之得到渐进式的调整、丰富与完善。

本 章 小 结

（1）形态学的研究及成果为其他领域相关工作奠定了基础。

（2）设计形态是以设计的手段和方式完成的人造物形态，其建构包含着形与态两个层面。

习 题

（1）设计形态的基本内涵构成。

（2）分析成功设计形态案例的特征。

课 堂 讨 论

设计形态与其他形态的关系与区别。

产品形态与设计

CHANPIN XINGTAI YU SHEJI

第2章

产品形态与形态表征

1. 本章重点

（1）产品形态的内涵与分类；

（2）产品形态的表征及其表现形式。

2. 学习目标

针对性地掌握产品形态的涵义与表征特性，明晰产品形态设计对象的属性。

3. 建议学时

4学时。

2.1 产品形态

产品是与人的生存、生活息息相关且不可或缺的物品。其中，狭义的产品特指被生产出来的物品，产品形态主要是指产品的物质表现形式与呈现的状态；广义的产品是指可以满足人们需求的载体，作为载体事物呈现的物象即为产品形态。而依循美国学者菲利普·科特勒的五个层次（核心、形式、期望、延伸与潜在）产品概念，产品则是能够供给市场，被人们使用和消费，并能满足人们某种需求的任何东西，包括有形的物品，无形的服务、组织、观念，或它们的组合。对于有形的产品，物质的属性决定了其形态的内容是相对确定的，也是为我们所熟知的；对于无形的产品，基于既有的人类科技文化与行为特质，无形的服务、组织、观念等产品并非绝对等同于完整意义上的"遁形"，只不过有形产品不再是构成产品的主体而已。需要明确的是，占有三维空间、依托一定材料工艺、可见可触等虽仍是产品形态的主流表征，但人类文明的前行是一以贯之的。随着信息化、智能化、生态化等新科技、新理念渐趋介入人们生产、生活的各个领域，产品的内涵也在关联的嬗变中得到不断的拓展与外溢，其形态已不仅停留于静态的视觉层面，动态、情感、服务等多种"新形态"也正陆续进入人们的视野，传统的基于物质实体的产品形态认知日益受到了来自技术、观念及生活状态变更的挑战，面临着更多层面、介质与手段、策略变更的诉求，调动人类一切感官参与的"综合形态"已然粉墨登场。

对于以物态为主要内容与形式的产品形态，作为承载、传递产品信息的第一感官要素，它应是产品结构、功能、寓意等内在因素（态）与形状、色彩、质地等外在因素（形）的统一体，并能够通过视觉、触觉等感官效应使人产生某种生理和心理反应。其本质就是产品"表与里""物质与精神"的融汇和综合，即客观与主观的统一。根据整体与部分的辩证关系，我们可以将产品形态分别以"形"和"态"予以认知。

2.1.1 产品的形

产品的形是产品作为客观物象存在的物质基础，它与产品的结构、材质、色彩、功能等因素相关联，特指产品外在呈现的方、圆、直、曲等视觉感观特色，即产品的形式或形状，与英文的 Shape 相对应，可以理解为产品外显的"表情"，这个外显"表情"还包括产品的色彩、质地、动作等要素。"表情"不同的产品带给我们的视觉感受是存在差异的，每个产品都可凭借其"形"表现出的某种特定"表情"，实现其既定的价值内涵与取向。图2-1中的"人脸"便意味着时时关注；图2-2中的"辣椒"便传递着产品的功能属性；图2-3中的"直线指针"也展示着时间的精准。需要注意的是，这里的"表情"其实也可解读为"表象"，犹如我们经常看到影视剧中始终面带微笑、文质彬彬的反派人物一样，其反面形象的塑造往往是需要演员通过某种特定的表情，再辅以对应的行为细节（如生活方式、语言习惯、交际模式等），才能让我们了解与体认其角色的"用心险恶"。

在产品形态设计中，产品某种特定性格"表情"是通过产品"形"的塑造达成的。该项行为主要是通过点、线、面、体、色、质等要素有目的、有计划地组织与创造性架构，将既定的设计思想转化为可观、可触与可感的特质性物态实体，进而完成产品"表情"的设定与呈现。就行为的表征而言，产品"形"的创造性架构可理解与诠释为针对产品的造型活动。在产品设计领域，形随机能、形随行为与形随情感等是几种常见的设计"造型观"。

1. 形随机能

设计业界经常谈及的"形随机能"（Form follows function），是诞生于工业革命时期的造型观。该造型观通过美国建筑师路易斯·沙利文的大力推广，俨然成为20世纪设计师的"金科玉律"

图2-1　菲利普·斯塔克于1998年为Alessi设计的苍蝇拍，名为Dr. Skud

图2-2　调料盒设计

图2-3　CIGA超薄简约双针大表盘情侣对表设计

图2-4　温莱特大厦——
路易斯·沙利文

图2-5　BenQ投影仪设计

（图2-4）。这里需要强调的是，实用物品的美应是由多种因素"合力"构成的。其中，产品的实用性和对于材料、结构的真实体现是众多因素中的重要一环，而非取决于单纯的"功能至上"与功能决定论。为此，我们应全面、审慎地理解与领会"形随机能"的理念内涵。中国台湾的明基（BenQ）设计中心给出的方案十分值得肯定。该中心一贯秉持"形随机能"与"两元兼容"的设计理念（图2-5）。其"形随机能"理念是指在设计上应更为重视机能改善，产品造型应抛弃烦琐，力求采取简约、明快的方式，进而实现形式与内涵的完美整合；至于"两元兼容"理念，则是指产品造型应在强调汲取中外、贯通古今的同时，力求在工作与休闲、人文与科技、简约与烦琐、感性与理性、东方与西方之间，通过一种兼顾、整合的观念来实现最完美的和谐。明基设计中心的这种造型观是对原有"形随机能"主张的创新与发展，强调融入人文精神和人性考量的重要性，把其中的功能由单纯的使用功能上升到使用功能和精神功能的融合。

2. 形随行为

"形随行为"（Form follows action）的造型观是美国艾奥瓦大学艺术史学院华裔教授胡宏述先生40多年前提出的观点。这种造型观在强调产品功能的同时，更进一步强调了以用户为中心的人机交互设计理念。这里的"行为"包括两个方面：第一种"行为"是指我们个人的惯常举止、操作模式和行为特性等。产品"形"的设计应关注我们四肢的行动，特别是我们手指的运作或操作，手腕的转动极限、手握的跨度等。第二种"行为"是指基于视觉功能层面的考量。例如，箭头代表指示我们行动的方向，叉形符号代表行为的终止；而在圆圈中标示一条斜叉线，则已成为国际上通用的不允许、禁止的标号。同时，材料的特性，或者说材料的行为特征，也在一定程度上决定着产品形的样态（图2-6）。

图2-6 "食豆人" 开关设计

3. 形随情感

"形随情感"（Form follows emotion）是近些年美国著名的青蛙设计公司倡导的设计思想。这种造型观念更强调产品造型的用户体验，突出用户精神上的感受。它指出：好的设计是建立在深入理解用户需求与动机基础上的，设计者用自己的技能、经验和直觉将用户的这种需求与动机借助产品表达出来，体现一种诸如尊贵、时尚、前卫或另类等情感诉求等。法国设计师菲利普·斯塔克的 "Juicy Salif" 榨汁机设计便是这一造型观的典型代表（图2-7）。产品整洁尖细的身体和修长的"触手"，犹如一种异国昆虫或外星人的太空飞船，而产品的造型又能清晰地反映出传统柠檬榨汁器的典型式样。这两种截然不同的形态被糅合在一起，完全出

图2-7 "Juicy Salif" 榨汁机

乎人的意料。因此，当你第一次看到它的时候，不可避免地会产生一个微笑，这样的设计给生活带来一丝惬意。然而，这种造型观也可能会出现一个极端现象，就是过分注重人的心理感受而忽略了产品本身最初的使用价值诉求。

2.1.2　产品的态

根据"形神兼备""表里如一"的观点与诉求，"态"是产品作为客观物象存在的内在属性依托。它与人的生理、心理及体验等因素相关联，是产品通过"形"所传递与彰显的可感觉、感受到的品质和涵义。它包含着指示、寓意、审美、文化等产品的内在信息。一般意义而言，用户是通过认识产品的形状、色彩、材质等"形"的要素和审美取向、企业文化等"态"的要素，才能全面了解和认知产品及其品牌，进而在头脑中形成某种印象符号（图2-8）。

图2-8　兰博基尼跑车

（兰博基尼，Automobili Lamborghini S.P.A，是全球顶级跑车制造商及欧洲奢侈品标志之一，由费鲁吉欧·兰博基尼在1963年创立。兰博基尼的标志是一头充满力量、正向对方攻击的斗牛，与大马力、高性能跑车的特性相契合，同时彰显了创始人斗牛般不甘示弱的个性）

产品形态可以传递指示性和象征性等属性信息。指示性信息着眼于让用户高效可靠地行使产品功能；象征性信息则包括产品风格、思想内涵、文化内涵和企业形象等感性信息。基于符号学理论，产品属性信息的传递是通过产品形态，以符号语构、语义及语用的方式、途径与策略达成的。产品属性信息传递的最终目的，是要让用户通过物质"形"，体会与理解产品的使用流程、审美情趣、时尚内涵和个性取向等非物质的"态"要素。而产品能否为用户有效、高效地理解、接受，在很大程度上取决于产品形态包含与传递相关信息的能力与水平。产品的"形"一般都会传递某种"态"，且与某种"态"相对应。形是表情，态是内心。例如，箭头、按钮和把手等设计形态带有功能和使用的指示性信息；而建筑、汽车等则往往具备某种风格的象征性信息。产品形态传递属性信息的目的是与用户的行为模式、使用习惯和审美层次等特性趋近，以获取用户的认同感。在设计实践中，产品"态"的价值主要体现如下两个方面。

1. **产品"态"是产品人性化的指导与助手，有助于提升产品的使用功效**

人们在认知事物时，往往会召唤头脑中储存的既有相关信息进行类比与推断，所以设计师需研究产品形态语义和用户记忆、经验之间的关联性，以不同部件的形状、色彩和质感等元素的区别为基础，设计出具有有效导向、指示作用的符形（产品形）。具体包括：

（1）局部造型的区别。如电器产品的电源键和其他功能键通常会采用不同造型，以指示、说明按键分工的差异（图2-9）。

（2）局部尺度的区别。如在维系、确保整体尺寸合理性的前提下，产品的关键性部件往往会比非关键性部件的尺寸大一些（图2-10）。

（3）色彩的区别。如产品的提示性、关键性按键需采用相对醒目的颜色（图2-11）。

（4）部件位置的区别。如产品的关键部件适合置于用户的视觉中心区域，尽量避免与用户距离过远（图2-12）。

图2-9　DELTA Wi-Fi水壶设计

图2-10　碎纸机设计

图2－11　博朗JB3060碎冰果汁机设计　　　　　图2－12　投影仪设计

此外，设计师还可以利用用户以往的使用经验和记忆来表达新产品形态的信息，使新产品使用信息的传递更易被用户体认和掌握，即类比手法（图2－13、图2－14）。

图2－13　开卷有益——书立设计

（木制的"引号"书立犹如打开学问之门，提醒
我们要终身学习，并拥有不断创新的精神）

图2－14　"时光如流水"灯具设计

2. 产品"态"是产品情感效能的基础和条件，是与"同道中人"达成共鸣的依托

产品"态"是蕴含于产品"形"的表象之下，是通过"形"的特质性与映射性呈现才得以为他人所认知。产品设计者希望通过产品"形"的架构传递某种思想内涵与价值观念，而这种思想与观念只有当遇到"知音"与"同道中人"时，才能实现设计"寄予信息"有效、高效地传递、转化，以达成产品设计者与使用者以产品为媒介的情感交流、思想碰撞，进而引导用户享受产品带来的实用功能之外的情感价值（图2－15至图2－17）。

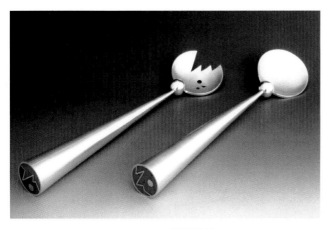

图2-15 餐具设计

（产品的"态"蕴含于Logo图形的表象之下）

图2-16 ZIYANDA水壶设计

（设计的"态"是源于非洲文化
与真实生活的启发）

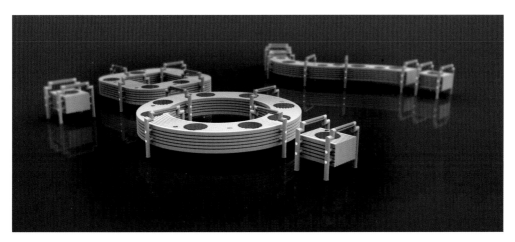

图2-17 公共座椅、设施设计

（产品的"态"是对徽派建筑文化和村落生活的感悟）

2.1.3 产品形态分类

基于不同的视域与方法论，产品形态的分类方法和方式可谓多样，如根据产品的使用环境，可划分为家居形态、出行形态、商务形态等；按照产品的应用材料，可分为塑料形态、金属形态、玻璃形态等；而依照产品的使用对象，则又可分为儿童形态、成人形态与特殊人群形态等。依循著名学者李砚祖先生的观点，产品形态可依据其属性的差异划分为功能形态、装饰形态（符号形态）和色彩形态三类。其中，所谓功能形态，即产品的物质性的结构，这种结构是因一定的功能而生成的，是由材料的相互关系而决定的。这种受制于结构、关联于功能的形态被称为功能形态。比如车辆的轮子、家电的按键、打印机的纸仓等（图2-18至图2-20）。

图2-18　重型卡车设计

图2-19　温水器设计

图2-20　"滚式"打印机设计

　　而通常意义上，我们可以把产品的所有外部特征都理解为产品的装饰形态，产品只有通过其外部形式才能成为人的使用对象和认识对象，进而发挥其效能。同时，装饰形态还存在着不同的层次划分，如与功能相联系的装饰形态、纯装饰的形态等（图2-21、图2-22）。

　　作为装饰形态的一种重要类型，色彩形态是产品外在的色彩感知状态，是色相、材质、肌理等信息的视觉表现。色彩形态不仅具有审美性、装饰性，而且还具有符号意义和象征意义。如同样造型的家具，因色彩、材质的不同，会传递不同的讯息（图2-23、图2-24）。

　　需要说明的是，不同产品形态类型界定的目的是使我们更好地认知产品的形态，满足相关设计与产品使用的需要。产品形态作为一个整体，不同类型的形态往往是同时存在的，表现为几种不同类型形态"合力作用"而呈现的综合状态（图2-25、图2-26）。

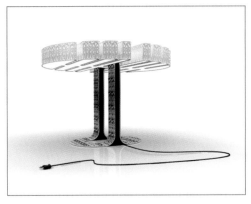

图2-21 "艾德莱斯"灯具设计

图2-22 烛台设计

图2-23 中式座椅设计（1）

图2-24 中式座椅设计（2）

图2-25 茶具设计

图2-26 BULAQUA饮用水包装设计

2.2 产品形态表征

在认知科学领域，表征是指信息记载或表达的方式。在人类既有的造物形态领域中，产品形态既有别于雕塑、绘画等单纯的艺术形态，亦不同于材料、零部件等一般的基础物品形态。产品形态是在人的生理、心理与系统等需求动机驱动下，发端于设计者的创造性思维，实现于特定的物质技术条件，并在用户使用和系统反馈中实现其价值的一种形态类型。依循逻辑学事物特有属性的认知，产品形态应具有能够使之成为独有一类的特质表征，而这种表征的形成与获得既与设计和产品的属性相关，亦与用户诉求及相关系统效应联系密切。

2.2.1 功能性

产品的功能与人的需求存在着映射与诉求关系。良好的功能性是产品形态具有的最为基础与重要的特质表征，功能的顺利实施与有效达成是产品形态必须予以有效支持和高效满足的基本与必要条件。依循设计美学家徐恒醇先生的"功能三分法"，产品功能可划分为实用、认知与审美三个层面。其一，实用功能是产品最基本的功能，是产品能为用户提供的基本效用、利益和价值。它指向、规范着产品形态的基本态势和框架，是产品形态得以存在的直接因由和必须给予回应的诉求，是评价产品形态设计优劣的基点与要点之一。基于产品的实用功能，产品形态应提供功能实施的执行条件，标明产品的基本属性——做什么事。就具体的产品形态而言，设计首先需以特定实用功能的有效实施为基本指针与价值取向，创设、推敲、营建与实用功能最为适宜和匹配的形、色、质等要素。如"滚动"需要"轮子"、"警示"对应"黄色"、"防滑"诉求"肌理"等。根据设计构成理论，产品实用功能的指向性与强制性是产品形态具有"同功同构"表征的原因之一，即同一功能的产品会拥有相近的形态表征（图2-27、图2-28）。

其二，根据唐纳德·A.诺曼的设计心理学，产品认知功能的达成是以其形态的可视性与易通性为基础与条件的。而可视性主要是指产品形态能不能让用户明白怎样操作是合理的，在什么位置及如何操作；易通性则是指产品形态的设计意图是什么，预设用途是什么，所有不同的控制和装置起到什么作用。不同于产品的实用功能，产品认知功能面向的是产品形态与用户间的沟通能力，即人机交互的有效性与高效性，它是促成产品实用功能得以实施并形成价值的途径与手段之一。在设计实践中，产品

图2-27 美洲虎概念车设计

图2-28 梅赛德斯概念车设计

图2-29 罗技会议摄像头

图2-30 "赛道"腕表设计

图2-31 维迪声T5音响设计

形态的可视性及易通性可通过"形态的符号化"予以实现。依循产品语义学，产品形态的创设需着眼于洞悉与尊重用户的既有认知风格与能力等要素，在产品形态良好"自明性"的前提下，达成人与产品的互为通识与匹配关系，确保的是形态的效用性及有的放矢，强调的是"人与形""形与行"的互动性和契合效应。如公务产品应具有严谨、简洁的视觉显现；钟表的造型要同数字、流转等符号相映成趣；音响需拥有乐感、律动等语义传递（图2-29至图2-31）。

其三，产品的审美功能是建立在产品实用功能的合目的性和与认知功能的合规律性相关联的基础上。它依附于产品形态，又会超然其上，是产品实用与认知等功能的延伸，是一种让用户从情感上与产品获得共鸣的功能，表现为产品形态表征与其内涵属性的协调。以审美功能为主旨的产品形态架构，设计趋向于以主观的立场为基点，以相关体验的形成为目标，以某种思想、精神的诠释与宣泄为结果，呈现的是人性化、戏剧化与冲突性的表征特质，彰显的是设计中人的主体性，是达成形态多样化、差异化的途径与策略之一。在具体实践中，工作常以美学法则为学理依托，以产品实用与认知功能构成的形态为基本元素，按照功能属性、视觉规律、心理特性和审美法则等进行组织与推敲。赏析优秀的案例，不难发现其形、色、质等元素大多会具有和彰显统一与变化、对称与均衡、过渡与呼应、节奏与韵律等审美表征。其中，统一与变化体现为各元素彼此的"主辅"关系；对称与均衡表现为诸元素方位布局上的等量或等质；过渡与呼应呈现为各元素的承接与观照；而节奏与韵律针对的则是诸元素排列、组合的秩序和条理。需要厘清的是，产品形态的审美表征不是单纯的"视觉唯美"，而是一种满足产品内涵属性诉求并与之相协调的"顺理成章"（图2-32、图2-33）。

图2-32　"杯子"加湿器设计　　　　　图2-33　"交响乐"座椅设计

2.2.2　创造性

设计是一种创造性的活动，其目的是为物品、过程、服务以及它们在整个生命周期中构成的系统建立起多方面的品质。就物质型产品而言，形态的创造性表征是产品设计属性的构成要素与根本诉求之一，具体表现为形态呈现的新、奇、特等表象。需要明确的是，产品形态的新、奇、特表征不是彼此分离的，而是形态创造性的不同视角诠释。其中，"新"着眼于产品形态，有异于旧有的整体态势和特质属性；"奇"侧重的是产品形态出人意料的精妙构成和工作形式；而"特"则聚焦于产品形态卓尔不群的实施方式及效应体验。

首先，创造是指将两个或两个以上概念或事物按一定方式联系起来，主观地制造客观上能被人普遍接受的事物，以达到某种目的的行为。产品形态的创造是"新"事物与"旧"事物的转化。基于辩证法，产品形态的"新"和"旧"包含着肯定和否定两个方面，是一种"新形态"对"旧形态"从认同到批判的永无止境的"怀疑"和更

图2-34 巴塞罗那椅

（巴塞罗那椅是设计师密斯·凡·德·罗在1929年巴塞罗那世界博览会上的经典之作，为了欢迎西班牙国王和王后而设计，同著名的德国馆相协调，被奉为现代主义设计理论的典型案例）

替。车企会常常推出新车型，米兰会定期举行时装发布会，微软会时时更新界面，都是对这种"新"与"旧"辩证关系的诠释。产品形态"新"表征可以是由内而外的"洗心革面"，亦可是新瓶装旧酒的"表面功夫"。虽然"计划废止"的形式主义设计观念为多数人所诟病，但追求流行和崇尚时尚的"喜新厌旧"心理却是不争的事实。落实于具体的表征架构，一般会包括依托新学理、运用新构思、选取新原型和采用新手段等（图2-34、图2-35）。

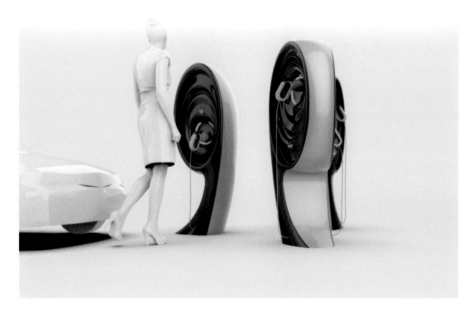

图2-35 "逗号"充电桩设计

（"逗号"的原型喻示着旅程的"延续"）

其次，产品形态的创造性表征还表现为"奇"。"奇"的营建主要涉及形态的构成机理与方法及形态实现特定功能的方式。"语不惊人死不休"，诗词的魅力之一便是以常见字的组合获得意想不到的意蕴。这一思想可为产品形态"奇"表征的获取所用。

一定时期与物质条件下的某一产品，其功能及实施方式是相对确定的。以形态与功能的辩证关系分析，功能及实施方式的确定便意味着产品基本构成形态的"圈定"，产品形态设计主要体现为"圈内形态"的"微调"，即"意符"设计，而"意符"设计的焦点便在于形态"提示"方式与能力的考量。基于此，产品形态的"奇"表征可诠释为形态"提示方式"的技惊四座和"提示能力"的事半功倍（图2-36）。

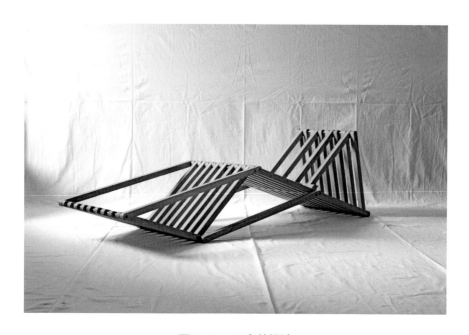

图2-36 三角椅设计

（三角世界设计工作室，成立于2012年，以三角形为基本单位，专注于原创（家具）设计研究，旨在传播一种每个人都应有鲜明个性的理念，构建一个人与人之间以真善美为相处架构的如三角形一样稳定的世界）

再次，"特"亦是产品形态创造性表征的重要显现。作为与"新""奇"内涵紧密关联的属性，"特"更多呈现的是形态满足功能具有的专有形式和给予人的迥异体验。哈佛大学B.约瑟夫·派恩与詹姆斯·H.吉尔摩教授在《体验经济》一书中指出，体验的获得需具备一个特别的故事、一种独特的风格和一项特有体验等条件。由此，产品形态的"特"表征强调的是特别构思引发的独特方式，关注的是过程及结果的特有效应，具有一定的专属性和感悟性。设计工作常展现为创意构想的因人而异、功能实施的因事而异、物态表象的因果而异。例如，红蓝椅设计，该作品是荷兰设计师格里特·托马斯·里特维尔德根据画家蒙德里安《红黄蓝的构图》作品的立体化"翻译"。该作品完全颠覆了人们的座椅概念，呈现了激进的几何形态和别致的构成方式，使人震撼并沉浸于"荷兰风格派"的独特精神体验之中（图2-37）。

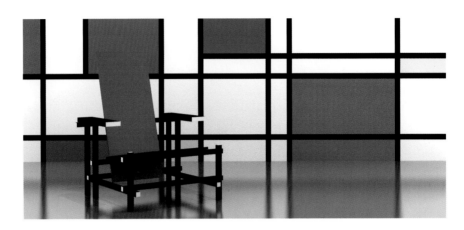

图2-37　红蓝椅

2.2.3　科技性

科技是科学与技术的统称。通常情形下，科学与技术是不能直接服务于人的实际需求，需要转化为实实在在的产品才能为人所用。相较于科技的先进性，产品及其形态设计总体上是处于被动与被支配的地位，表现为科技的彰显与衍生。对于产品形态设计，科学能够诱发、唤起人们对于新需求的憧憬，进而形成存在于"渴望、期许"中的概念形态，提供的是设计的思想渊源与理论因由；而技术的实践性与可见性决定了其可直接作用于形态，给予的是形态达成的物质条件和实施方式，是引发、构成形态的重要途径与手段。每一件产品都会存在科技的"身影"，产品形态既是相关科学的外在示意，亦是其依托技术的视觉显现。

一方面，产品形态应能够彰显其依托相关科学的先进性与价值，承担与诠释特定科学的呈现方式和表现形式，并以此标明其构成不可置疑的合理性。一般情形下，只要凭据与采用的科学原理一致，同一功效的不同产品，其形态常表现为"相似形"，即"同功似形"。如采用三角形稳定性原理设计的自行车，其形态会直接或间接地呈现三角形的"存在"；基于空气动力学原理设计的固定翼飞机，都会有"飞鸟翅膀"般的机翼造型；而依据杠杆和轮轴原理设计的各式剪刀，亦会有"支点"和"力臂"的映现（图2-38、图2-39）。

另一方面，根据古希腊哲学家亚里士多德的"四因说"，每一事物（实体）都是由形式和质料构成的。产品采用的材料属性及加工技术既为产品成型所必需的，亦是其形态具有某种表征的重要因由，是产品形态设计必须给予重点考量并满足的重要诉求之一。大凡产品的达成，单纯的材料与成型技术是不能直接成为最终产品的，二者的对应、配合才是解决问题之道。材料若要转化为产品形态，均需经相应的加工工艺处理。其中，一部分材料只需稍做加工，即可成为我们所需的形态，如竹扫把、树根桌等。因其形态构成的工艺少，"素颜"的表征却也别具韵味；而绝大部分的产品形态则是特定材料的"深加工"结果。现代材料及加工技术的发展，使我们很难仅凭表象就能研判产品的用材与工艺，但形态依托一定材料及加工技术成型的事实是明确的，产品形态也因此获得了应用技术达成的"技术美"。常见的形态技术性表征包括：以降低生产难度与成本为目标的方体、球体、柱体等"规则形"；因特定技术诉求形成的圆角、倒角、斜度等"工艺印记"；满足产品组装、拆卸要求的"结构线"；提供防滑、防脱等功效的"肌理质感"等。从一定意义上讲，产品形态是在"尊重"相关材料与工艺特性基础上的"科学态"诠释与"技术形"展现。例如，潘顿椅的形态便是复合材料科学的产物；金属镀铬与弯管技术是瓦西里椅问世的重要推手（图2-40、图2-41）。

图2-38 "仙人掌"剪刀设计（1）

图2-39 "仙人掌"剪刀设计（2）

图2-40 潘顿椅

图2-41 瓦西里椅

2.2.4 经济性

设计既是创新技术人性化的重要因素，也是经济文化交流的关键因素。产品形态的经济性考量既是设计自身诉求的需要，更是设计者的职责使然，是产品最终价值得以体现的重要保障之一。产品形态的经济性内涵：一是资源投入的经济性，主要是指形态构建所需资源的节约水平和程度，即产出比；二是形态在使用过程中的效率性与合理性，即能效比。

第一，产品应是耐用的、便宜的。物美价廉，一直就是普通民众选择产品的基本取向之一，而物美价廉便意味着产品的资源占有低、成本消耗少。这种基于资源投入考量的产品形态与设计、生产和销售等环节相关联，具有一定隐性特质，主要以形的尺度、质的品相等表征呈现，表现为满足用户需求前提下的形态小体量、适宜性和匹配性。许多车企推出的"经济型"汽车便是很好的例子：车身多采用能基本满足人机诉求的"小尺度"；用材常以环保、质轻和可靠为取向；工艺以达成基本装配与使用需要为标准。其经济性的核心：以最少资源获得可用、够用与适用的产品形态。需要指出的是，产品的这种形态经济性表征不应是以牺牲品质为代价的"拙劣"呈现，亦非是仅满足人低层次需求的"底线"响应。"小、适、配"表征下蕴涵与映射的是对人类"无止境"需求的提示和现代生活引发环境及生态破坏的反思。节约资源，创造可持续发展的生存环境，这既是设计者道德、责任与使命感的彰显，亦是用户应秉持的一种健康、积极与理性的生活态度（图2-42）。

图2-42 特斯拉Model S

第二，产品形态的经济性表征还取决于形态在使用过程中的效率性与合理性，而效率性与合理性是辩证统一的。根据唐纳德·A.诺曼的观点，一个好的产品形态，能够让用户有效地预测自己行为的结果，高效地操作产品，达到自己的目的。用户使用产品时会面临两个心理鸿沟：执行鸿沟与评估鸿沟。执行鸿沟关系到如何操作，评估鸿沟则指向操作的结果。这两个鸿沟的平复、优化，是产品使用效率提升与合理性达成的保障因素之一。基于此，产品形态的这种经济性表征可解读为产品形态与用户具有的互动能力水平及形态的功能支撑、执行程度。产品形态应能够扼要而有效地告知用户：某形态可做何事、能采取何种行为和操作、可得到何种结果与价值、能实现何种体验。比如轮椅，"轮子+座椅"意为可动的椅子；"把手+推圈"表示可用手转动；结果与价值是坐姿前行、移动自理，实现的是"健全体验"。同时，大道至简，依循对设计熵的认知，混乱与烦琐的形态会降低产品的使用效率，并造成相关资源的浪费。美国硅谷创业之父保罗·格雷厄姆给予好产品形态的界定：产品形态应是简单、有序与熵值最低的。因此，在兼顾用户认知能力、行为特质等因素的先决条件下，设计还应关注产品相近或相关功能，指向形态的整合与优化，化繁为简，但兼顾简而有序与一形多能，以一种精炼且富于逻辑的高效表征示人。当下，汽车领域的一键启动与各式App的"窗中窗"界面设计，均是低熵值形态达成经济性的例证（图2-43）。

图2-43　一键启动

2.2.5　系统性

依循一般系统论及整体与部分的辩证关系，产品与用户及其共同维系和存在的环境能够构成一定的相互依存、作用与制约的关系，并形成彼此具有"场"效应的系统。就产品形态而言，这个系统既包括产品与人、产品与产品等构成的以产品为基点的微观系统，也涵盖产品与社会、文化、生态等人工与自然环境建构的宏观系统。作为系统的构成要素，产品形态应为系统中其他要素的"场"效应所左右、导向与回馈，并使之具备能够维系与提升系统持续发展的特质表征。

前者，在该微观系统中，能够对形态表征产生效应的"场"主要面向用户和与之相关的其他产品两个领域。其中，源自用户的"场"效应展现为产品形态设计需兼顾人的生理、心理等需求，有利于人使用产品的安全性、高效性与舒适性，即"机宜人"。基于人因工学，产品形态"宜人性"的达成，会诉求形态的体量、色彩、质地及工作的幅度、区域和频率等表征，需以人的各项参数为参照，具有鲜明的"人印记"。例如，钟表指针和数字的大小、颜色要考量人眼的有效识别；汽车方向盘的质地需酌量防滑性与舒适度；桌面的尺度应揣度手臂的极限半径。同时，在多数情形下，单一产品是不能独立发挥效能的，往往需要与其他产品构成有机的系统才能为人所用。比如门与把手、书架与书、龙头与面盆等。根据唯物辩证法，世界上的任何事物若同它周围的事物取得相互联系，它们彼此之间需形成不同的事物、特性的统一形式，即表现为一定的关系。因此，在系统"场"的作用下，任一产品形态都会被习染、授予系统中其他产品某种相对一致或共同的属性，从而使其获得"融入"系统并维系其发展所需的关系，而由此构建的"新"形态不仅是系统既有关系的延续，更昭示着新旧事物重构与"场"更新达成的系统嬗变与新生。例如，电脑键盘按键均具有相对一致的造型；插座应与插头的尺度相匹配；迷彩服的色彩要与特定环境相协调（图2-44）。

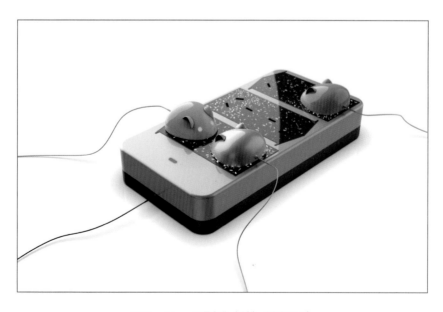

图2-44 "硕鼠"插排+插座设计

后者，对于宏观系统，人工环境特指一定时期狭义的源自设计相关理论、思潮形成的本体语境，如通用设计、服务设计等，以及和广义上与产品形态存在关联属性的拓展语境，如"一带一路"、3D打印技术等。而自然环境则指向特定时间和空间内，置身于产品周围，对产品形态具有直接或间接影响的各种天然形成的相对稳定的系统。物以类聚，产品设计创设的"新形态"欲与系统其他要素"聚而成类"。譬如，巴洛克风格空间内的座椅、灯饰便应具有奢华、夸张和不规则的形式；审视汽车散热格栅的"家族脸"，我们可研判其出处——双肾型的宝马、瀑布式的别克、V-Motion的日产；我们亦能从Quetzal扶手椅、AJORí调味瓶与Medusae Pendant水母吊灯等形态上，窥见自然环境的"场"价值（图2-45、图2-46）。

图2-45 宝马Z4

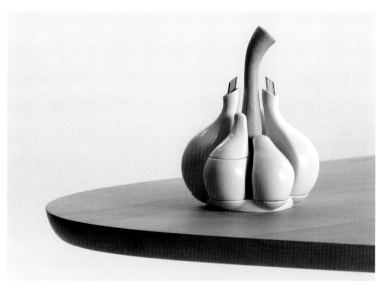

图2-46 AJORí调味瓶

对于产品设计的形态表征，创造性标明的是产品形态构成的根本诉求和必备条件；功能性彰显的是产品形态缘何存在及存在的合理性；科技性呈现的是产品形态达成所需理论与实践基础的可行性；经济性阐释的是产品形态占用资源效率及合理性的价值考量；而系统性诠释的则是来自系统的"场"效应。需要说明的是，产品及其形态是人与相关系统需求的产物，产品形态的种种表征是设计理念、产品属性、人的需求和相关系统等众多因素综合作用的结果与物态映现。同时，资源有限的现实与人类道德伦理启示我们：产品设计的形态表征应是适度的、撙节的。正如著名美学家李泽厚先生所言："现代健康的倾向是，注意尽量服从、适应和利用物品本身的功能、结构来做形式上的审美处理，重视物质材料本身的质料美、结构美，尽量避免做出不必要的雕饰、造作。"

本 章 小 结

（1）对产品形态内涵、构成的有效掌握，是进行产品形态设计的重要基础。

（2）了解产品形态的表征，有助于确立相对明晰的设计工作目标与任务。

习 题

（1）举例说明产品形态的基本内涵、构成。

（2）成功产品形态设计案例的表征分析。

课 堂 讨 论

产品形态与其他形态的表征区别。

第3章

产品形态设计解析

1. 本章重点

（1）产品形态设计的成因与思维分析；

（2）产品形态设计理念的内涵、构成及其与产品形态设计之间的关系；

（3）产品形态素材原型的认知与价值内涵；

（4）材料工艺、结构与产品形态设计的关系认知。

2. 学习目标

深入理解与体会产品形态设计的成因与思维方式；掌握设计理念、设计原型与材料工艺、结构同产品形态设计之间的关系。

3. 建议学时

8学时。

产品设计是包含了产品的原理、技术、结构、材料及形态等诸多设计元素的系统工作。在该系统中，产品形态设计作为其中最为重要的内容与形式之一，它以产品形态的构建为方式，以产品形态呈现的物象为目标，以产品形态与人、环境等达成有机系统为取向，涵盖了产品形态设计的因何而为、思维方式、理念诠释、原型选择以及与之相关的材料、工艺与结构等多项内容，经历的是从思想、实践到现实的程序与过程。对于产品形态设计，产品"形"与"态"的内涵、二者的辩证关系及产品表征特质等要素的有效认知，是具体工作得以如期如质开展、落实的必要基础与前提保障。同时，产品实用性的核心价值取向决定了其形态的功能属性诉求，即产品形态设计不仅要解决静态的形态表征问题，更应着眼于产品功能运行与实施中的动态形态特质呈现。因此，产品形态设计虽是以产品的视觉形态架构为主要工作内容，但产品的触觉形态、听觉形态、动作形态与程序形态等亦应是其工作重要的指向及构成。这种"动静结合"的多视角、多维度与多层次的综合性产品形态设计，既符合形态的哲学属性诉求（有特征的形式），亦契合了产品设计的目的需要（建立多方面品质）。

3.1 产品形态设计的成因

就有形的产品而言，产品形态是产品得以存在并形成价值的物质基础与视觉形式，是产品效能具有现实属性必备的表征和条件。黑格尔曾指出："凡是合乎理性的东西都是现实的，凡是现实的东西都是合乎理性的。"作为产品各项属性可观、可触与可感的现实体，产品形态由无到有、由点到体的架构与呈现必然存在着"合乎理性"的成因。依循唯物辩证法的内因和外因辩证关系原理，产品形态设计"合乎理性"的内因主要来自产品使用者和产品自身两个层面。以人与产品、产品与生产的关系分析，该内因可解读为需求因与科技因；而产品形态设计"合乎理性"的外因则源于人、产品与其存在环境共同构建的系统，可称之为系统因。

3.1.1 需求因

根据古希腊哲学家亚里士多德的"四因说"，目的因是一件事物之所以存在或改变的原因，是事物存在的最为基础与重要的终极因由。因此，产品形态设计的成因首先体现为满足人某种目的的需求因。依据美国心理学家马斯洛的需求层次理论，人类的需求由低到高分为生理、安全、情感与归属、尊重和自我实现等五种不同层次。我们可以将这五种需求按其属性划分为实、虚两种类型：实需求包含生理、安全等人类的较低层级需求，该需求可通过外部条件予以满足；虚需求则指向情感与归属、尊重和自我实现等人类的高级需求，该需求需通过内部因素才能得以趋向达成。就产品设计而言，它正是通过不同属性、类别与特质的产品创设，为人类实、虚两种需求提供着"答案"，产品形态便是与"答案"相伴而生的外在表征与物质依托（图3－1）。

图3－1　"蜻蜓点水"——路由器设计

其一，人类生理、安全等实需求的满足具有可见、可触的实体属性，面向的是产品的实用功能，是产品能为使用者提供的最基本效用、利益和价值，涵盖了产品的适用性、可靠性、安全性、经济性等，是满足人们对该产品基本诉求的部分。如汽车的代步功能、冰箱的保鲜功能、空调的控温功能等。基于事理学，作为"实需求"的响应，产品形态达成的是以"成事"所需实用功能有效满足及实施效率为基点的对应与服务关系，侧重的是"做事"的科学性与合理性。认知心理学理论认为，完整的认知过程是定向—抽取特征—与记忆中的知识相比较等一系列的循环过程。人们在期待一项需求得到满足时，最先萌发与乐见的"理想形态"主要源于既有"知识"的再现（图3－2）。因此，对于产品形态的架构而言，针对特定的"实需求"，形成的产品形态具有"理想模型"的属性，实现的是产品形态较为原始、直接与基本的构成形式，是产品形态设计的基础性成因。需要说明的是，这种对应与服务关系是"多选题"，即一种"实需求"可以有几种不同的产品形态与之对应，而一个产品形态亦可满足不同类型的"实需求"，这取决于对应达成的效率与人们既有的认知（图3-3、图3-4）。

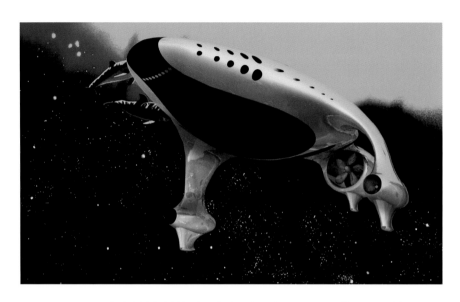

图3-2　海底观光艇设计（该造型灵感源自海豚、鲸鱼等生物形态）

图3-3　Contour音响
（该设计形态诠释着金属与胡桃木的平衡）

图3-4　音响设计
（该造型是来自声波、水波、涟漪等形象的提炼）

其二，相较于人类"实需求"的满足，情感与归属、尊重和自我实现等人类"虚需求"的达成则富于较强的时效性、空间性与个体性等非物质属性。基于"虚需求"的产品设计是以人为中心，以营造"故事"为方式，以提供"服务"为手段，以形成"用户体验"为目标，实现的是人们情感、精神等非物质诉求的表达与宣泄。在该逻辑架构内，作为物质的产品是以讲述"故事"的道具、完成"服务"的设施与形成

"体验"的素材出现的，产品形态设计则是道具、设施和素材的经营、构造与整合，满足的是故事剧情的创设、服务空间的营建和体验内容的打造。基于"虚需求"的达成机理，产品形态的创设应符合特定"故事"发生的"年代感"，具有一定的时效性；同时，满足"虚需求"的各式"服务"需要在一定的空间内完成，产品的形态设计应具备满足特定空间构造诉求的能力，具有空间的属性。而对于"体验"需求，产品形态设计则会更多地面向体验用户的个体，关注的是形态因人而异的个性化表征。比如，红蓝椅虽是世界最富创造性的经典作品，但对于一个对"荷兰风格派"不甚了解的用户而言，便会产生诸多费解，更不用谈体验了。依循认知心理学，人们不能直接观察事物的内部心理过程，只能通过以视觉为主要途径的观察来推测输入和输出的东西。因此，在"虚需求"的语境下，产品形态设计应以用户为中心，讲用户听得懂的语言，做用户看得懂的事，如此才能使人主动融入设计者精心编织的"故事"之中，参与到设计者创设的"服务"时空内，领悟到"体验"带来的满足感。作为人类"虚需求"的回馈，产品形态的构建应以用户的"认知达成"为方略，着眼于从主客体互动的视角规划与研判其形态的架构方式与构成原则，以独创性的形态构建，巧妙而策略地"讲述"各方均能听懂且不发生歧义的视觉语言，使产品形态成为用户与设计者信息沟通、交流的黏合剂、催化剂，达成设计实施的宜人性与良性行为导向的目标（图3-5）。

图3-5 主题设施设计（"计算"的历史与现代）

需要说明的是，产品形态对于"实需求"的满足可以通过理智来判断，本质上可以商量；而对于"虚需求"的回应，产品形态则更多地基于直觉和情感，本质上不容商量。在产品形态的创设伊始，设计师很多时候需优先考量用户的"虚需求"，然后才谈得上实现"实需求"。人们对于一种"实需求"满足后会形成一种相对稳定的对应"形式感"，而这种并非个别人特性的"恋旧情结"具有一定惯性与承接性（图3-6）。

图3-6 "云端"空中信息交互工具设计

3.1.2 科技因

自产品诞生之日，产品形态设计便与科技结下了"渊源"。就产品而言，无论是出自手工业时代工匠之手的单件化产品，还是基于现代工业平台下的批量化产品，产品的功能原理、结构工艺与材料成型等科学与技术一直就是产品形态创设赖以达成的必要基础与必需条件，是产品形态设计的重要成因之一。

首先，科学是运用范畴、定理、定律等思维形式反映现实世界各种现象的本质和规律的知识体系，是社会意识形态之一，是一项探索未知、揭示真理、构建知识的人类活动。科学要解决的问题是发现自然界中确凿的事实与现象之间的关系，并建立理论，把事实与现象联系起来。对于产品形态设计，科学能够以其先进性与合理性，诱发、唤起人们对于新需求的憧憬和向往，为更为大胆、新奇的产品形态创设提供可信的根底与强劲的动力，进而形成了存在于"渴望、期许"中的概念形态，并引导产品形态设计走向更新、更广的"理想王国"（图3-7）。根据《辞海》的解释，科学是关于自然、社会和思维的知识体系。其中，自然科学是研究无机自然界和包括人的生物属性在内的有机自然界的各门科学的总称。自然科学的成果与产品形成的原理、构造等因素相关，是产品形态设计合理性的根据与因由，是产品形态建构的"硬性规范"。如材料学为产品形态的构建提供了物质理论基础，力学为产品形态结构提供了理论依据；而社会和思维科学则是研究人类社会的种种现象及人的意识与大脑、精神与物质、主观与客观的综合性科学。社会和思维科学研究问题的基点——人，是产品形态设计合情性的依托和源由，是产品形态架构的相对"软性指针"。如历史学为产品形态的风格、流派增加了文脉因缘，心理学则解释了产品形态的情感属性及价值（图3-8）。

图3-7 独立级濒海战斗舰，得益于流体力学的船身设计

图3-8 Parfums香水，捕捉到一级方程式赛车带来的刺激体验

　　其次，作为与科学密切相关的技术，主要是指解决实际问题的方法及方法原理，是人类为了满足自身的需求和愿望，遵循自然规律，在长期利用和改造自然的过程中，积累起来的知识、经验、技巧和手段的总和。就产品设计而言，技术常常表现在人们利用现有产品形成新产品，或是提供了改变现有产品功能、属性的方法。不同于科学侧重知识的构建，技术重在知识的应用。如果说科学为产品形态设计注入了思想、开阔了视野，那么技术则为产品形态的构成提供了实实在在的物质保障与实施办法。就产品形态的成因而言，技术的作用与价值主要体现在两个层面。一是，同科学相仿，技术可以其先进、合理的属性为产品的形态创设提供诱因与素材（图3-9）。德国现代主义设计大师密斯·凡·德·罗曾说过："当技术实现了它的真正使命，它就升华为艺术。"二是，相较于科学的理论性与"非物质化"，技术可以直接作用于产品形态，具有一定的实践价值与可见性，是策动与引发产品形态架构的重要来源。纵观设计史，每一次技术的革新与进步都会为相应的产品形态创设给予更多的可能性与现实性，并激发更多的设计灵感出现。

图3-9　无人机设计，架构于"无线控制技术"

　　需要说明的是，科技因在作为产品形态架构重要成因的同时，也在限定与制约着产品形态设计的"随心所欲"。如投影仪的形态设计需要考虑"透镜成像原理"的比例要求，空调的形态设计应兼顾"注塑成型工艺"等条件。然而，科技因对于产品形态设计的"效应"不能被简单而机械地解读为"限制"。正是基于这种"限制"才使产品形态设计能够区别于一般意义的"艺术创作"与"手工工艺"，成为"合乎理性"的行为（图3-10）。

图3-10　"眼睛"投影仪设计

3.1.3 系统因

依循一般系统论，产品的形态设计与使用产品的人及其生产条件、存在环境等要素应存在着一定相互依存、作用与制约的关系，形成具有彼此关联属性的系统。就产品形态设计而言，这个系统既包括产品与人、产品与产品、产品与生产等构成的以产品为基点的微观系统，也涵盖了产品与社会、文化、生态等人工与自然环境共同维系的宏观系统。根据唯物辩证法，世界上的任何事物都同它周围的事物相互联系着，这种联系表明它们彼此存在着一致性、共同性，从而在此基础上形成不同的事物、特性的统一形式，即表现为一定的关系。依据物理学与遗传学的认知，产品形态设计系统各要素的统一形式诉求具有"场"和"基因"的属性与效应。在目标系统"场"的作用下，产品设计创设的"新形态"在内涵机理与外在表征等层面会被输入、赋予既有系统某种相对一致或共同的信息，获得能够融入该系统并维系其发展所需的必要"基因"，而由此构建完成的"新"产品形态不仅是目标系统既有"关系"的延续，更意味着新旧基因重构与"场"更新达成的系统变革与新生。为形成目标系统富于建设性、创造性的传承，系统的既有"基因"构成的是决定与引导产品形态如何创设的思想源点和行为指南，既有"场"发挥的是产品形态依托"基因"具有策动与制约属性的构建力量，而二者之合力则达成了产品形态设计的创设语境、架构依据与价值取向（图3-11）。

图3-11 北京奥运会火炬（中国"祥云"的文化基因）

在具体的产品形态设计中，产品形态主要凭借在一定条件下的材料组织、结构设定和表征创设等途径与方式，通过与系统及其要素形成某种契合、对应或因果等关系，来实现系统有机整体性和统一形式诉求的。根据物质相似相溶原理，系统诸要素欲结成有效的关系，寻求、挖掘和提炼既有系统及各要素一致或共同的"基因"便成为产品形态创设的关键要点和起点，也是指导和评价产品形态如何架构、成效几何的依据。在产品形态设计系统中，一致或共同的"基因"主要是指能够构成与维系产品形态设计成为一个整体、类别、流派具备且区别于其他系统的特质，它是产品形态设计系统各构成要素需共同拥有的代表性、典型性与排他性的隐性或显性属性。基于产品形态设计系统的考量，这种"基因"主要源于微观系统既有的产品使用者认知、既成的产品使用场和宏观系统既定的社会文化语境与自然生态体系。

首先，依循产品语义学，产品形态设计是通过能指（产品形象）的架构，来实现其意指（产品概念）目的。在产品形态设计的微观系统中，产品创设的意指是否为用户正确的解读且欣然接纳，取决于产品能指与用户达成互动关系的成效，而这种互动效应需建立在人对于产品形态的高效认知并以此形成彼此作用的基础上。因此，产品形态的创设需以充分地洞悉与尊重产品使用者的既有认知风格、认知能力等"认知基因"为着眼点和价值取向，在实现产品形态良好"自明性"的前提下，构建人与产品的互为依存属性与匹配关系，确保形态设计的针对性、效用性与有的放矢，契合的是产品形态设计的需求因（图3-12）。

图3-12　不同的手电钻设计，具有相近的形态表征（钻头、机身、把手）

其次，产品形态不是以独体、孤立的形式与人发生关系并形成效能，既成的产品使用场、既定的社会文化语境与自然生态体系是产品形成价值必须依托、维系与服务的对象和目标。其中，微观系统既成的产品使用场是由产品被置于、使用的具体空间和空间中的其他物品等相关信息构成；宏观系统的既定社会文化语境主要包括狭义的源自产品形态设计领域的理论、思潮，亦涵盖广义上与产品形态设计存在一定映射与关联属性的各类物质、精神文化；而既定的自然生态体系则是指在一定时间和空间内，存在于产品周围，对产品形态的存在和发展产生直接或间接影响的各种天然形成的相对稳定的系统。物以类聚，产品形态设计创设的新"物种"欲与既有系统的其他要素"聚而成类"，成为该"类"的有机一员，必然被诉求拥有该"类"某种特质"基因"（图3-13、图3-14）。值得注意的是，相较于需求因、科技因具有的决定性与执行力，系统因对于产品形态设计的效应与价值更具几分变通和弹性，这与产品形态设计系统的属性特质及其因果关系达成的机理等因素相关。矛盾的普遍性与多样性启示我们：同气相求、同声相应，并不意味着一类事物各项属性的高度一致，任何现实存在的事物都是共性和个性的有机统一（图3-15）。

图3-13　佳能T90相机彰显着"生态场"的价值

图3-14　故宫香氛灯显示着"文化场"的存在

对于产品形态设计的"因与果"，需求因强调的是产品形态创设中人的主体地位，是具有主导与统领性的"因"；科技因阐释的是产品形态架构所需条件的互动效应，是产品形态"成形"的基础和必要的"因"；而系统因诉求的则是产品形态构建的有机性、整体性，是产品形态设计富于导向与目标属性的"因"。现实产品形态设计领域中的"同功异构""同形异能"等现象标明：一方面，产品形态设计的成因不具有严格的因果指向属性，多是因与果的契合、响应与映射；另一方面，产品形态设计的成因也并非单一与纯粹的，而是贯以多元、开放与复合。基于物理学的熵理

图3-15　具有生态诉求的净化器仍可拥有严谨的线条

论，产品形态设计的熵越低，达成的形态就越有秩序，越合理。因此，我们不能也不应奢求一个产品形态的创设能够逐一对应、映射与兼顾到需求、科技和系统等所有成因，具体"答案"取决于产品形态设计所需面向与解决的"关键矛盾"，而这一"矛盾"便构成了产品形态设计的主因。

3.2 产品形态设计的思维

作为一种以产品形态为直接对象的创造性思维，产品、形态及设计等多重属性、要素的构成与思维自身复杂性诉求，其思维不应是单一的、形而上的，它应是实用、科技、审美及系统等众多视域层面综合观瞻、兼顾与运用的独特思维。李砚祖先生曾指出，"设计师需要根据设计任务和设计对象的不同灵活运用各种思维方式"，"以艺术思维为基础，与科学思维相结合"，不仅要强调形象思维的新颖性、弥散性，还要关注逻辑思维的范式性、严谨性，二者有机与有效地互为协调、补足与互动整合，才能完成好的产品形态设计。

3.2.1 产品形态设计思维的剖析

在产品形态的设计与构建中，设计者的行为常常呈现出这样一种状态：一时宛如一名刻板的工程技术人员，计算数据、绘制图纸，讲规范、谈原理；一时又如痴狂的美术工作者一般，挥动画笔、推敲造型，话感觉、论思想。映射到具体的产品形态物象，一件成功的产品形态设计往往既存在着严谨的科学依据、合理的功能设置与缜密的工艺结构，同时也会映现着天马行空般的奇思妙想、充满激情的情感表述与富于节奏变化的视觉观感。相由心生，境随心转。产品设计者表现的近似"双重人格"的行为表征及产品形态彰显的种种"一语双关"的属性特质，与产品形态设计活动的思维方式与方法不无关系。对于产品的形态设计与架构，其思维不应是一种单纯的科学逻辑思维，亦应有别于一般概念的艺术形象思维。产品形态设计的思维是多重的、交织的、综合的与复杂的，它是引致产品设计者"判若两人"行为举止和产品形态具有丰富内涵的重要因由与主要推手（图3-16）。

依据李砚祖教授的人造物系统层级结构理论，产品设计活动从属于人类造物系统结构的中层，它既区别于传统意义上的"艺术造物"，亦不同于一般性的手工与技术造物，是实用与审美的统一，且与人的生活发生最密切的关系。因此，产品的形态设计可谓是徘徊、游走于"艺术理想"与"现实应用"之间的一种特殊造物活动。这种

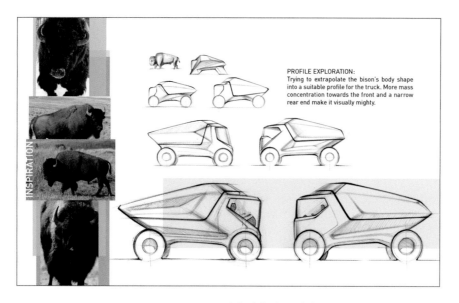

图 3 – 16　Unimog 自卸车概念设计方案

呈现出一定"矛盾"特质的工作属性决定了产品设计师有别于纯粹的艺术家和工程师，注定了他们的命运就是戴着镣铐而舞蹈。该项行为的"矛盾"特质不仅彰显着产品形态设计者的言行，同样存在于产品的生产者、使用者等产品设计的整个生命周期之中。在产品形态的制造环节，产品生产者常常会深陷于提升技术、工艺与降低成本、标准的"困扰"；在产品形态的使用环节，产品用户也会不时地"纠结"于产品"物美"与"价廉"的选择。产品形态设计中如此如影随形、挥之不去的种种"矛盾"，恰恰诠释了产品形态设计工作的综合性与复杂性。就设计者而言，产品形态的设计与架构既需要来自设计者理性思维的分析、推理、论证与判断，同样也需要灵感、顿悟、情感和假设等设计者非理性的积极介入，它是一项兼具理性与非理性双重思维属性与特征的创造性造物活动。在产品形态的设计架构中，理性与非理性思维往往交织、补足与互动地综合于产品形态一处，贯穿于设计行为的始终，两种思维既互为制约、互为条件，又彼此依托、合力共存，非此即彼与厚此薄彼的思想与行为，都不会产生一件理想、优良的产品形态作品。

3.2.2　产品形态设计中的理性思维

产品形态设计中的理性思维是指产品的形态设计是一项需按照一定科学方法与设计原则展开的具有一定逻辑与辩证属性的创造性行为，其最终的思维与行为的结果——产品的形态常反馈与印证出一个有章可遵、有据可循的有理结果。有别于一般意义上的形态，产品及产品设计的属性决定了产品形态设计需要理性思维的存在。首先，就产品而言，产品是应人的需求与欲求出现的。无论是出自手工业时代工匠手中的单件化产品，还是基于现代工业平台下的批量化产品，产品的实用功能原理、成型材料与其工艺及人机工学等自然科学与技术一直就是产品形态设计赖以架构的必要基础与必需条件。众所周知，科学解决理论问题，技术解决实际问题，而运用科学与技术解决问题必然是一种建立在证据和逻辑推理基础上的理性思维方式。因此，在产品形态设计中，产品设计者在自觉运用科学与技术为设计形态"以何"架构提供佐证与依据的同时，更应主动地将相关的科学、技术作为推敲、调整、论证与完善设计形态的方式和方法，成为产品形态"如何"构建的实践准则与指导原则（图3-17）。

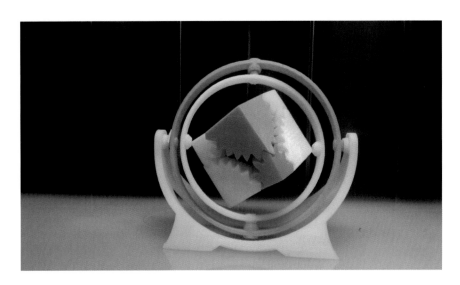

图3-17 齿轮组合（三维打印产品）

同时，设计是以解决问题为导向的创造性活动。根据2015年国际工业设计协会提出的工业设计定义：在新的时代语境下，工业设计应当是一种策略性地解决问题的过程。就物质设计而言，产品设计正是依托产品形态设计并通过其所提供的功能（实用、认知与审美）解决人们"需求与欲求"问题的。而在特定时代语境下，人们需要解决的"需求与欲求"问题会具有一定的共识性，这种共识性包括人们相似的产品功能心理预期、相仿的产品价值取向以及趋同的生活愿景与生存期望等。这些具有人文科学属性的共识既是产品设计需要解决的问题，也是产品形态必须给予高度关注并相应做出解答与响应的问题。值得注意的是，与支撑产品形态实现的自然科学与技术不同，这些共识性诉求虽不具有严苛的强制性和划一性，却存在一定意义的约束与引导作用。它属于人类认识活动中广义理性思维的重要内容。这种广义的理性思维不仅包括概念、判断、推理等抽象的狭义的逻辑思维形式，也包括了感觉、知觉、表象等心理与具象的认识形式（图3-18、图3-19）。基于这种广义理性思维的考量与指导，产品形态设计前期相关的调研、提炼与归纳、总结就显得格外重要与必要。它是确保产品的新形态能够被用户理解和被社会接纳的必要条件。

产品形态设计中的理性思维解决的是产品形态构建的基础和依据问题，是其设计具有逻辑性、合理性的重要依托和保障。在特定时空语境下，由于产品形态设计中理性思维的存在，一个类别属性的产品往往由相近似的形态元素构成，而这种"同类似型"现象在客观上为依托产品形态识别、区分与判断产品属性提供了潜意识的依据和标准，是产品形态设计中理性思维重要的显性价值与效应。在产品形态设计中，对于理性思维的诉求与需求是产品形态架构有别于一般艺术形态构建，体现出一定相似性与限定性的重要成因。

图3-18　飞利浦RQ370剃须刀设计，代表着此类产品的基本"形态趋向"

图3-19　烛台设计，源于中国古典纹样的认知

3.2.3　产品形态设计中的非理性思维

需要说明的是，在理性思维的导引下，产品形态虽存在着"同类似型"现象，但"似型"并不是意味着千人一面、众口一词。事实是，我们面对的是一个姿态万千、琳琅满目的产品形态世界，具有"同类异型"的具体产品形态表征。同一类别属性的产品虽会呈现相对一致的基本形态构成，但最终的产品形态却是各有千秋、大相径庭的。由此可知，产品的形态设计绝非仅凭借单纯的逻辑推理与严谨的理性判断就能得到完整而出色的架构，一些不可言状的、非理性的其他因素是存在的，并在其中发挥着不可或缺的积极作用与价值。

法国哲学家亨利·柏格森在1897年就已宣称，所有最能长存且最富成效的哲学体系是那些源于直觉的体系。而在否证论者奥地利哲学家卡尔·波普看来，科学史上的每一种发现都含有在柏格森意义上的"一种非理性因素"或者"一种创造性直觉"。直觉、灵感和顿悟等非理性思维（方法）是人类特有的、经过长期社会实践和认知活动形成的一种在一刹那就能够将现象和本质、个别和一般、部分和整体等认知素材相互统一起来的发明创造能力。产品形态设计是一项以形态架构为内容与表征的解决人类合理生存方式需求的创造性活动。在产品形态设计的思维体系中，直觉、灵感、顿悟与感知等人类创造性思维不但存在，而且这类非理性思维恰恰是达成产品形态多姿多彩表象，具有个性化、创新性与合情性的主要因由，是产品形态"同类异型"的主要推手与重要动因。在产品形态设计活动中，在直觉、灵感、顿悟与感知等非理性思维的引导下，产品设计者看似拥有一种本能的设计灵感冲动和形态创造能力，实际上却是设计者经过长期学识积淀、经验积累、心理体验和其他设计综合性认知的总爆发。设计者作为能动的行为主体，固有一种本能的反应、感应、聚集和整合能力。这种能力对产品形态设计具有一种隐秘或潜在的暗示、牵引和指导作用，并能够在客观上驱使设计者不断地涌现新概念、迸发新形态。否则，即便是最伟大的天才，朝朝暮暮躺在青草地上，让微风吹来，眼望着天空，那温柔的灵感也始终不会光顾他（图3－20）。

图3－20　Filippo Mambretti 为 Gantri 设计了一款名为 Dulce 的新灯
（它跨越了几代人的设计理念，完美地融合了复古与现代的感觉。从 Art Deco 的流线型现代主义中寻找灵感，Mambretti 将光滑的表面、弯曲的形式和长长的水平线结合在一起，以示对那些在大萧条期间打破界限并帮助人们前进的设计师们的致敬）

在产品形态的构建中，产品新形态的出现往往不是循序渐进、首尾相接、线性地由模糊到清晰逐步展开的，而是具有一蹴而就、发散跳跃与非线性特征的表现形式与行为表征。一种习见的情形：在一个相对确定的设计理念导引下，产品新形态的架构可能是设计者瞬时思想、观念的灵光一现；或是诸多素材、问题聚合在一起的陡然茅塞顿开；抑或由一个形象到另一个形象毫无征兆与因由的华丽转身。产品形态的设计与架构过程可谓充满了偶发性、突然性与随机性，具有鲜明的直觉、灵感、顿悟与感知等创造性的非理性思维特征。同时，鉴于思维行为个体与方式的差异，产品形态设计的非理性思维也兼具了个性化与本质化（典型化）的辩证统一、情与理的有机融合、意识与潜意识的交互作用等特征，实现的是产品设计美的构建与审美创造的内在贯通。恰如爱因斯坦所言："我相信直觉、灵感和想象力比知识更重要，因为知识是有限的，而想象力概括着世界上的一切，推动着进步，并且是知识进化的源泉。"

3.2.4 产品形态设计中理性与非理性思维的关系

马克思主义哲学认为，形象思维是通过感性形象来反映和把握事物的思维活动，在这种思维活动中，主体把外界的色彩、线条、形状等形象信息摄入大脑，通过联想、想象、象征和典型化等手法，创造出某一独特完整的形象，并用它去揭示生活及周围事物的本质和存在状态。基于相对一致的工作属性，产品的形态设计思维可理解与解读为一种以产品为对象的特殊形象思维。其特殊性在于，这种思维活动在具有整体性、形象性、典型性与情理性等特征的基础上，还具有显著的理性与非理性互动属性。在产品形态设计的形象思维活动中，理性与非理性思维以互为前提、互相包含与互相转化的整体形式存在着，并以互为能动的方式作用于产品的形态设计。

1. **从发生学角度观之，理性思维与非理性思维都属于人类的创造性思维，均可促使与达成新产品形态的出现**

依循古希腊哲学家亚里士多德的四因学说，产品形态设计行为的发生存在着形式因、质料因、动力因与目的因。其中，形式因、质料因多与产品形态架构依托的科学、技术等理性因素相关；而目的因、动力因则更多地指向产品形态设计的思想、取向等非理性因素。值得注意的是，四因学说阐释的事物发生的原因不是单一的，而是多因与综合的。因此，产品形态的架构应是多种思维的"合力"使然，并非源于理性或非理性的一己之力，只不过因为产品品类、属性不同，哪一种思维更具有主因作用而已。比如机床、舰船等专业化产品的形态设计，形态的架构会更多地基于理性思维的启迪；而洗衣机、视听设备等民用化产品的形态设计则会愈加依赖设计者非理性思维的点拨（图3-21、图3-22）。

图3-21　中国海军055型驱逐舰整体就是一个理性技术平台

设计基于设计语义学的设计学理，以"衣""水"为造型基础，提炼、汲取了洗衣机"清洗衣物"工作中"衣物翻转"与"水花飞溅"等机能状态特征，将洗衣机的"能指"予以具体的形态表述，传达了洗衣活动"行云流水"般的惬意情感……

图3-22　"衣·水"洗衣机设计，源自衣服翻转、水花飞溅的灵感

2. 从思维过程度之，理性思维与非理性思维是以交互的形式作用于产品形态的设计与构建

马克思主义哲学认为，理性认识的因素和非理性认识因素是密切联系在一起的。两者互为前提、互相包含、互相转化与互为促进。就产品形态设计而言，当理性因素运用到一定程度，产品"同类似型"现象的不足与缺憾被进一步放大和展现时，适时地转变思路和重新选择新的逻辑起点，直觉、灵感、顿悟等非理性思维形式就会发生积极作用；而凭借直觉、灵感、顿悟等非理性思维形式进行形态的考量，产品"同类异型"的设计诉求得到特定意满足时，仍需条理化分析和推理性的工作来消除因

"异型"带来的不适,以实现产品形态"合情、合理"的设计目标。任何设计产品都是实用、认知和审美三种功能的复合体。在产品形态设计的思维过程中,欲成就产品形态集形式美、技术美、功能美、艺术美与生态美等于一体,我们需在强调理性与非理性思维发挥各自效用的同时,关注二者彼此制约、互为基础、渗透与转化的互动效应(图3-23)。

图3-23 多用途交通工具设计

3. 从思维的结果审之,理性思维与非理性思维有助于以互为补足的方式,全面、深刻地理解产品形态设计达成引领创新、成就硕果、提升生活质量的价值与效应

有别于以理性思维为主导的工程设计,一件优秀的产品形态设计不仅以创新性的表征解决物与物之间的理想联系,还以非理性思维的有效介入成就人与物的良性互动关系;而相较于以非理性为统领的艺术创作,产品设计则在依托形态传达情感、思想和精神等内容使产品使用者获得丰富体验和感受的同时,更能通过理性的科学论证和逻辑推理达成体验和感受的普适性与合理性。因此,理性地分析产品形态设计的内在价值及其社会影响,既能更为深入地领会产品设计的结果,又能推动其中的非理性思维更为合理地开展并收到更好的成效;而非理性地感知产品形态设计的外在效应与个体心理,也能恰当、有效地诠释产品形态设计的动机,从而实现其理性思维愈加"合情"地彰显效用(图3-24)。

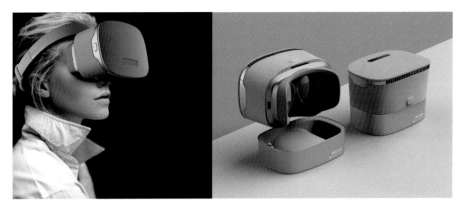

图3-24 PEGAVR4设计
(基于PC使用场景的设计,契合VR技术的精密尺度与人性化的材质、
线型择取,是理性与非理性设计思维有机互为的典型案例)

马克思主义哲学认为，人的认识过程是理性因素与非理性因素相互作用、相互统一的过程，人的理性因素与非理性因素共同对人的认识起推动作用。在以人为主体的产品形态设计中，理性的思维有助于满足产品形态设计对于严谨性与客观性的诉求，非理性思维则彰显了这项工作亟须的灵活性与主观性。"同类似型"和"同类异型"是产品形态设计中理性与非理性思维的表征与结果，"合理"与"合情"是这两种思维方式存在的因由与目的。作为在产品形态设计中两种重要的思维形式和方式，理性思维与非理性思维虽然在其中承担着不同的任务，扮演着不同角色，但就其工作及其目的而言，二者不存在有我无他的对立与取舍关系，而是以协同、补足与互动的状态合力发挥着效应。在具体的工作中，我们难以严格地界定产品设计者在某一时间点的思维是理性的或是非理性的，亦不能精准地判断某一阶段是何种思维在运转，更无从确切地计算出结果的思维比例。分析与论证产品形态设计中理性与非理性思维，其目的在于全面、深刻地认知两种不同思维所具有的作用、价值与意义，理解与体会产品形态设计工作的复杂性和综合性，进而构建起相对科学、有效的产品形态设计观与方法论，调动各方面的积极因素，达成产品设计的工作目标。

3.3 产品形态设计的理念

3.3.1 产品设计理念的内涵

现代法国小说之父奥诺雷·德·巴尔扎克说过："一个能思想的人，才真是一个力量无边的人。"同样，一个富于独创性与建设性理念的设计，才是一个拥有价值的设计。产品设计理念是设计者在产品设计过程中所确立的主导思想，是贯彻产品设计活动始终的核心主旨，是产品设计活动及其结果的精髓所在，决定着设计作品的走势、取向与价值，是产品得以"存在"的逻辑与思想基础。对于产品使用者，产品设计理念是在一定的环境、条件下，产品通过其形态、功能及功能实施对使用者所产生的生理与心理的"体验"；就设计师而言，产品设计理念则是指针对某一特定的设计对象（产品、生活方式、事），基于特定的目标诉求（人群、地域、市场），依托特定的条件基础（科技、材料、社会），提出的多层次、多因素、全局性、前瞻性的构思与展望。

通常意义上，产品设计的成功与否在一定程度上取决于其设计理念的"正向效应"价值，即设计理念应能给予使用者某种"积极启示"，一种健康、合理、向上的生存和生活方式导向。产品设计理念的这种"效应"依据其作用的时间跨度，可划分为短期效应和长期效应。短期效应作用于"当下"，即设计理念是基于一定时期内的人群价值取向（功能、习惯、方式等）、市场调研、产品状态、生产技术、科技水平等因素所形成的构思，其作用结果常与现有的产品相关联，是现有产品在一定程度上的改进与提升，与现有产品可谓藕断丝连，我们称之为现实设计或改良设计（图3-25、图3-26）；而长期效应则作用于"未来"，即对上述诸多要素，以前瞻性的、积极性的、预测性的"态度"面对，提出的是富于建设性的设想与展望，未雨绸缪、标新立异是该"效应"的最佳示意，我们称之为概念设计或主动设计（图3-27、图3-28）。

产品设计理念是针对产品及其设计活动的构思和设想，它需要得到产品形态的支持与诠释。而诠释产品设计理念是一个多方面因素综合作用的结果，产品的卖方

图3-25 钥匙环设计

（在既有产品的基础上，将中国"拨浪鼓"元素融入设计中）

图3-26 电钻设计

图3-27 海底观光艇概念设计

图3-28 SILVA——城市内的水平电梯概念设计

（生产企业）、买方（使用人群）、环境系统及产品自身的形态、功能及功能实施效应等，均是构成产品设计理念这篇"文章"的各种要素与信息。

3.3.2 产品设计理念的构成

一般意义上，一个相对完整的产品设计理念应包含设计创意与设计学理两个层面内容，二者间存在着一定的承接关系与共存属性。其中，设计创意是设计工作的起点，是设计行为出现的诱发与感性因素，阐释的是一种"方式""策略"，解决的是"要做的事"，即"点子""主意"等。在设计理念的架构中，设计创意大多处于先发与导向地位，是体现设计理念的"价值""亮点"所在，回答的是设计工作开展的必须与必要性问题。值得注意的是，就设计理念的构成整体而言，设计创意仅是供给了一个"诱人的点子"，尚不能达成理念的"全貌"（图3-29）。

图3-29　报栏设计（该设计形态的创意构想源于"中式屏风"）

设计学理是设计及其工作依据与采用的相关科学原理与实践方法论，即欲达成设计诉求与"设计创意"所必需的理论依托和契合的设计方法，解决的是做"事"凭借与依循的"学术观点"与"行为逻辑"问题。在设计理念的架构中，设计学理多处于基础与支撑地位，是设计理念由创意的感性"火花"上升为理性"体系"的补足、矫正与回归，是设计创意由"点子"导向"设计"的途径与方略。需要说明的是，设计学理的"位置"并非总是"被动的"。智者善抓机遇。作为设计者的知识储备与专业背景，设计学理往往能够以"资源""底蕴"或"素材"等形式，促使设计创意的达成与完善，并提升其在学术与专业认知层面的"内涵"。常见的设计学理包括绿色设计、通用设计、情感设计、模块化设计、体验设计、仿生设计、服务设计、交互设计、无意识设计和主动设计等。这些设计学理是基于不同视角、关系、对象和相关理论等给予"设计"的主张与观念，虽然存在着看似迥异的设计认知和价值取向，但彼此并不排斥，甚至可以互相"融合"、补足与共存，进而形成合力现象（图3-30、图3-31）。

综合上述，作为一个完整的设计理念体系，设计创意与设计学理是其不可或缺的有机组成部分，具有非物质、抽象化、概念化的特质属性。其中，设计创意通过设计学理的支撑与补足而趋于有理可依、有据可循；而设计学理经设计创意的"活力注入"，会实现理论到实践的"华丽蜕变"，富于针对性。

图3-30 清洁刷设计，既是仿生设计理论的应用，亦是通用设计学理的诠释

图3-31 水壶"9093"

（这件迈克尔·格雷夫斯的作品融合了情感设计、仿生设计与主动设计等多种设计学理）

3.3.3 产品形态设计与产品设计理念的关系

1. 产品形态是设计理念给予使用者的第一视觉"实体"印象

人们对于"新"事物的认知规律告诉我们，第一印象至关重要。对于事物本质的认知，"以貌取人""察言观色"虽有偏颇之嫌，但绝不是无源之水、无本之木。例如，我国封建社会已将"仪表"作为官员任免的标准之一。按照体验设计的观点，设计理念是产品设计者给予使用者经过精心构思、经营的"剧本"，那么产品形态就是该"剧本"的"道具"物象，是整个"剧本剧情"的"起因"，是促使读者（产品使

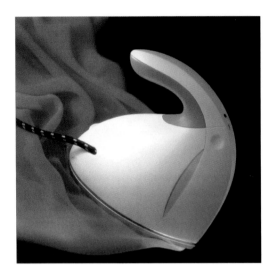

图3-32 电熨斗设计

（"兔子"的形态设计，充满了"生态"兴趣点）

用者）继续将"剧本"读下去的"兴趣点"和"激发点"，是产品使用者接受、理解产品设计理念的第一实体物质印象（图3-32）。

2. **产品形态是产品设计理念走向目标人群的可视化语言**

产品设计理念能否为使用者理解、接受，其被传达的完整性在一定程度上是由产品的可视化语言——产品形态决定的。作为设计者与使用者沟通的物质中介，产品形态是一种可视、可触、可感的视觉语言与符号系统。符号学之父索绪尔说："语言是一种表达观念的符号系统。"每种符号都有两个层面上的意义，一是能指（指物体呈现出的符号形式）；二是所指（指物体潜藏在符号背后的意义，即思想观念、文化内涵、象征意义等）。就产品设计而言，"能指"与"所指"所对应的便是"产品设计形态"与"产品设计理念"。凭借着产品形态具有的说明性、指示性和象征性，一件优秀的产品形态设计可以促使一个相对"陌生"的产品及其理念能够为使用者所接纳与理解，进而达成其全面走向设计目标人群的目的（图3-33）。

图3-33 点滴时光——灯具设计（能指，叶子和露珠；所指，时光流逝）

3. 产品形态是产品设计理念得以诠释、传达的物质基础

产品设计理念体现、诠释的是一个多种因素综合的系统工程，其中产品形态与功能是其"效应"的基础要件，而产品功能的"实施"在一定意义上也需要依托于特定的产品形态。理念是头脑中的构思、展望和设想，理念要得到交流，为他人所理解、接受的最好方式就是"物质化"。如同画家需要通过作品来"诉说思想"，对于产品设计师而言，设计理念物质化、实体化的形式便是产品形态。设计师可通过产品草图、模型、样机等实物形式使抽象的设计理念视觉化，达成设计意图与理念的物态呈现。因此，在一定意义上，产品设计可作为艺术造型设计而存在和被感知，是一种"形式赋予"的活动（图3-34）。

图3-34　摩托艇设计草图，传达了快速、流动的视觉印象

4. 产品形态传达、表现设计理念具有一定不确定性、差异性

作为客观物象，产品形态的建立源于产品设计理念，是产品设计理念的物化传达，但其表现与传达并非理性状态，而是具有一定的非理性色彩，表现为释义的不确定性和差异性。这种非理性因素包含着问题的两个层次：一是特定的产品设计理念存在多种物化的诠释方式，即不同的产品形态；二是特定的产品形态也常会被解读为近乎迥异的设计理念。追根溯源，原因之一莫过于产品形态的释义性问题（图3-35、图3-36）。

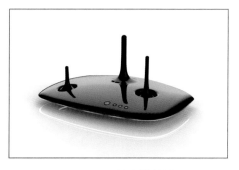

图3-35　路由器设计
（该设计理念既可理解为"雨中即景"，
也可解读为"穿越界面"）

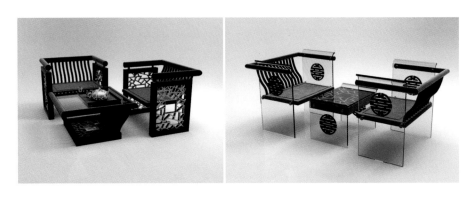

图3-36　两件诠释同一主题（美人靠）的不同家具设计

按照产品语义学的观点，产品作为科技与艺术的结晶，理性逻辑的符号理论可以诠释及应用于其各项因素，但就产品形态而言，仅仅采用释义性理论来完整、全面地解决产品形态的所有问题，是远远不够的。一件产品赋有特定理念的形态可以传达一定的意义与情感，然而产品形态所呈现出的"思想"却是非理性的，其"意蕴"也往往是符号理论难以诠释的，正所谓"意无尽而言有尽"。同时，就一件特定的产品形态而言，每个使用者都会依据自身的阅历、心理等因素得出不同的、带有个人色彩的"结论"，设计师不必也不可能期望使用者全面领会形态所内含的构思与设想，所谓"仁者见仁，智者见智"。一般意义上讲，针对某一特定的产品使用群体，其范围越小，时效越短，理念达成"共鸣"的可能性就越大。

科技与艺术的结合是在不断进步中展开、提升的，新的设计理念必将随着时代的进步、人文科技的发展而日新月异。产品设计师必须关注包括形态在内的产品各个因素变化所带来的挑战与契机，以与时俱进的设计理念与形态构建、摸索、探寻人类积极、健康、向上的生存方式。

3.4　产品形态设计的素材原型

3.4.1　素材原型的内涵

作为文学、艺术创作中的常用语和习见要件，素材是指在文学、艺术创作中，作者从现实生活中搜集到的、未经整理加工的、感性的、分散的、原始的第一手材料；原型特指文学艺术作品中塑造人物形象所依据的现实生活中的人，具有归纳性、经验性、规约性和动态性等属性。在文学、艺术等创造性工作的实践中，素材与原型可统称为素材，原型是存在或蕴含于素材中的一种经过"加工"的素材；而基于熵的认知，素材非等同于原型，素材熵值高——强调博而有关，原型熵值低——注重精而有效。

就行为的表征属性而言，产品形态设计与文学、艺术创作都是以"新形象创设"为工作的主要内容和彰显形式，完成的结果都具有认知与审美的属性意涵和价值表现；就行为的效应机理而言，二者均是以特定形态的合目的性、合规律性构建来实现某种"新信息"的输出、输入，并经由人的头脑加工处理，来形成其满足人需求、欲求的功效和价值。因此，在一定视角与维度上，文学、艺术创作中素材与原型的相关认知与实践方式可适用于产品形态的设计与构建，二者可谓异曲同工、殊途同归。

需要关注的是，虽然文学、艺术创作和产品形态设计都进行"新形象"的创设，并均以"新形象"视作行为结果的重要表征形式，但二者"新形象"的核心属性与达成方式却存在着一定差异，而这种差异表明二者在素材原型的对象界定、遴选策略及实施方式等方面有所区别。第一，产品与艺术品属性、类别与价值取向等方面的不同形成的差异。作为产品各项属性物质载体的产品形态，应以产品实用、认知及审美等多种功能的有效、高效实施为核心要务，并需将实用功能置其设计工作的首要地位。文学、艺术创作的作品则更多地把感官认知与审美价值为形象创设的主旨目标（图3-37、图3-38）。第二，形态构建诉诸条件的不同产生的区别。文学、艺术形象创作的所需条件可根据作品性质、类别的不同而有所差异。与此相对，产品形态的架构是完成于一定生产资料的支撑，这些生产资料对象既可作为产品形态的生产条件，亦可以素材原型的"身份"反作用于相关的

图3-37 三角形稳定性原理可以"成就"一辆自行车，却难以"启示"文艺创作

图3-38 "空气倍增"原理是无叶风扇的设计"依据"，却难以担当艺术作品的"主角"

图3-39 采用低温多晶硅（LTPS）
塑胶为基板材料，实现了"柔性屏"设计

图3-40 透明聚碳酸酯"助推"了
菲利普·斯塔克的幽灵椅设计

设计思维与构建活动（图3-39、图3-40）。第三，思维方式的不同形成的互异。产品形态是一种现实形态，这种形态的认知及审美属性决定了其素材原型可如文学、艺术创作般，以形象思维的方式"采撷"、构思于现实生活中的某个或某类人、物、事；同时，产品形态的实用属性诉求其形态不应单纯地依靠形象思维有感而发地达成，富于理性与非物质性的科学、技术与思想等概念形态因可转化为现实形态的特质，亦可成为其素材原型的来源，而这种素材原型的价值达成必然诉诸逻辑思维。因此，通常意义的产品形态设计，需要非理性的形象思维发挥能效，理性的逻辑思维亦不可或缺，二者是以协同、补足与互动的"共存状态"贯穿于设计活动的始终，产品形态则是这种"混合思维"的合力使然。

综上所述，在产品形态构思、研究与架构中，广泛而大量地发掘、获取与利用素材原型，不但是必不可少的重要组成部分，而且是必须给予高度关注的要点。同时，必须认识到：产品形态的产品属性及其设计的达成方式表明，在产品形态的创设中，素材原型不应只局限于文学、艺术创作中的属性认知与践行方式，它应被赋予更多的内涵拓展、更广的层次面向，赋予和承担更为重要的职能和价值。基于唯物主义哲学，产品形态无论是源自物质型还是非物质型的素材原型，其本质渊源都有自然的"身影"，不过是自然某种现象的"新再现"或某项规律的"新表现"；产品形态设计扮演的只是大自然的搬运者、改造者、修缮者与维护者，完成的仅为自然世界既有物质的"旧貌换新颜"。

3.4.2 素材原型的面向

产品形态设计是以产品形态为目标，通过对产品的点、线、面、体、色、质和动作、程序等诸多可视、可触、可感要素的创设，将产品及其设计的各种具有创造性、建设性的属性与理念付诸特质性的物态架构。随着产品内涵与外延的不断丰富和拓展，作为产品属性感官认知对象的产品形态，其设计虽仍是以产品的视觉形态架构为工作的主要内容与形式表征，产品的触觉形态、听觉形态、嗅觉形态与动作形态、程序形态等亦是其重要的指向及构成。这种需要调动人体一切感官介入、参与，具有多视角、多维度与多层次属性的综合性产品形态设计，既符合形态的哲学属性诉求（有特征的形式），亦契合了产品设计的目的需要（建立多方面品质）。因此，基于产品形态与其素材原型间的依存关系与映射属性，产品形态设计的素材原型面向需具有丰富多样、广泛庞杂与开放性的特质。它需以人的需求满足为基点和导向，以产品形态的合规律性、合目的性构建为对象和取向，以系统的对应性、关联性为线索和原则。各类与各种可视、可触的物质型实体对象（自然界的动植物、人类社会的人工物等）和存在于人类思想、观念中可理解、意会和体悟的非物质抽象概念（哲学规律、连通器原理、长幼尊卑伦理等），均可纳入其视野和范畴。

1. 物质型素材原型的宽泛性

对于产品形态设计，物质型素材原型主要是指与产品预设形态架构存在关联、对应与依托等属性的各类现实物质对象。德国美学家本泽把物质对象区分为四种类型：自然对象、技术对象、设计对象和艺术对象。根据普遍联系的哲学观点，产品形态作为众多设计对象中的一员，上述的四种类型物质对象均可成为其素材原型的线索来源。这种姿态万千与包罗万象的素材原型面向，无疑会给予产品形态的现实性达成以丰厚的资源和宽广的视野（图3－41、图3－42）。而依据哲学的第一、第二自然分类，包括产品形态在内的设计对象、技术对象和

图3－41 灯具设计
（植物花蕾的素材原型传递了
"向光性"的主题）

图3－42　有感于明代圈椅魅力和现代街凳
文化碰撞，台湾设计师吴孝儒设计了"圈凳"

图3－43　明式圈椅
（紫檀木、杞梓木、花梨木等用材的物理与心理
特性增添了椅子古、雅、精、丽的艺术气质）

艺术对象均属于人为改造的自然对象。基于发生学理论，人为第二自然的技术对象、设计对象和艺术对象等都可在第一自然中找到与之相关联的"同源同功"对象。因此，产品形态设计的素材原型虽然可源于技术对象、艺术对象和其他设计对象，但其终极"渊源"仍是第一自然。在产品形态设计领域，已得到各方认可与广泛应用的仿生设计、生态设计及系统设计等理论和方法，便是这种类型素材原型认知的最好注解与诠释。

2. **非物质型素材原型的复合性**

对于产品形态设计，非物质型素材原型重点指向的是与产品拟定形态存在遵循、凭据、导引与兼顾等关系的各种原则、原理、常识、伦理等非物质型的思想、认识和观念等。依循物质与意识的辩证关系，非物质素材原型的设计效应表征为两种类型：一是间接型，即以特定的物质型素材原型为载体，在其满足产品形态架构所需，使之具有现实属性的同时，以"物质与意识统一体"的内容和形式彰显于设计（图3－43、图3－44）；二是直接型，即素材原型"摆脱"物质的束缚，直接地作用于产品形态的创设，呈现的是"意识对物质的能动作用"（图3－45、图3－46）。

图3-44 汽车进气格栅坚硬、光洁与理性的视觉表征有赖于镍、铬等金属元素化学机理及其工艺的感官效应

图3-45 阿斯顿·马丁one-77车身源于斐波那契曲线的魅力

图3-46 采用鱼沉浮原理设计的潜艇

3.4.3　素材原型的价值

产品形态设计是以产品形态为着眼点，以产品形态的特质性达成为表征，以形态属性的高效性传示为方略，以产品功能的有效彰显为标的，以相关要素的积极回馈为取向。作为产品形态设计的密切关联对象，素材原型的价值效用需贯穿于产品形态设计的各个环节和阶段，着重表现为产品形态的营造方法、创新策略、传示方式与系统效应等层面。

1. 形态价值

产品形态的架构是一项综合性的系统工程，而产品形态的现实属性诉诸其工程实施需依托与构筑于一定的物质基础与技术条件。根据物质守恒定律，物质是不会凭空地消失或产生，只能从一种形态转化成另一种形态。对于物质型产品，经设计获得的产品形态，在看似从无到有的"全新"表象创设下，实质则可解读为设计师基于人的某项需求，将自然世界既有的特定物质对象，依循具有一定创新性、建设性的方式、逻辑，给予了"不同以往"的重组、排列和配置等，令其呈现"近乎迥然"的"形"的表征与"态"的意涵，可视为既有物质或非物质对象特定意义上的"改头换面"或"意象转化"，而并非严格意义上的物质创造。在产品形态的实际创设中，形态采用的自然或人工材料与应用的科技或思想等，无外乎是自然某种既有物质的人为物理或化学作用与相关验证、感知的结果。而素材原型在供给产品形态必要物质基础的同时，其"形与态"的属性也会一并或独立地作为价值要素成为产品形态设计的依据或因缘（图3-47、图3-48）。

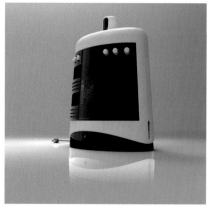

图3-47　刀把的木质和刀身的
钢材分别来自树木与矿石

图3-48　"编钟"文化在音响
设计上的映现

基于达尔文物竞天择、适者生存的进化论观点，作为现实的既有存在，素材原型的"形与态"都是经丛林法则"洗礼"后的佼佼者、胜利者。无论是能够直接作为产品形态依据的自然、技术、艺术及其他设计对象等物质型素材，还是以间接方式可以驱动产品形态架构的思想、原则、常识等非物质原型，都是经过大量实践检验、理论反复推演、优中选优的"好基因"。产品形态设计必须、也应从具有"好基因"的素材原型中汲取养分和动力，以契合其目标任务之需。不乏其陈的成功设计案例表明，相关学科理论、技术与观念等非物质素材原型，同样具有强劲的设计策动价值。

需要说明的是，素材原型对于产品形态的创设，物质与非物质型素材原型的价值效应机理不尽相同。其一，物质型素材原型具有现实性、客观性的特质决定了其价值效用具有一定的确定性与共识性，基于该类素材原型的产品形态往往呈现出良好的辨识度和操控性（图3-49）。其二，非物质素材原型的概念性和主观性等属性使其设计价值展现出更多的可塑性和变通性，是产品形态具有个性化、风格化或艺术性等特征的重要因素来源（图3-50）。其三，鉴于两种素材原型"物质与意识"的差别，二者的价值成效具有显性与隐性之分。非物质素材原型的逻辑、观念与思想等属性令其可以突破物质素材原型"以物及物"的显性圈囿，"以法造物""以事论物"是其习见的方式与机理。譬如，单纯地凭据成型材料难以区分手机的性能，操作系统的差别才是认定的关键。其四，基于二者的来源不同，其价值功效还呈现出强与弱的表征差异。对比物质型素材原型，深度提炼与更多的"人为痕迹"，使得非物质素材原型的合规律性与合目的性价值倍增。例如，船舶设计采用陆地生物为素材原型便会相形见绌，而仿生学则既

图3-49 人人都可从亚历山德罗·门迪尼的Anna G系列红酒开瓶器依稀可见一名长裙女性，也均可无师自通地知晓"螺旋推进+杠杆拉出"的使用方法

图3-50 深泽直人为MUJI设计的壁挂式CD机

可指导舰艇设计亦可用作汽车设计。

2. 创新价值

创新是产品设计的关键要素与核心价值。在产品形态的创新性架构设计中，相关素材原型的价值机理主要表现为三个层面：一是素材原型作为设计前端的相对于关联对象，能够为设计创新提供行为发起的着力点与参照物，达成设计创新行为的"因地制宜"与"有的放矢"。比如，概念设计需要将"既有思想、认知"的突破作为"新概念"的要点与主旨，而改良设计则需以"既有情势、效应"的更替、向好为目标和取向。二是素材原型给予的"内容"价值，可以给予设计创新以具体的工作面向与实施策略。基于矛盾论，产品形态的设计创新可解读为素材原型既有矛盾评估、利用基础上的再创造，体现为素材原型矛盾关系理清、改善、协调前提下的变革，是以设计的新矛盾"取代"素材原型旧矛盾，进而达成产品形态的创新属性。三是素材原型的"回馈"价值，是评估产品形态设计创新品质的参照圭臬和评价依据的重要构成。产品形态设计创新的"质"与"量"均需在对比中方可认定，而素材原型作为创新的目标、内容，理应成为这种研判的首选（图3-51）。

图3-51 分类垃圾箱设计，源于"化学实验"概念的诠释与拓展意涵

需要明晰的是：依据素材与原型概念意涵的些许差异，虽然二者均能为产品形态的创新提供既有条件和基础的讯息，但它们的创新思维机理却存在着一定的差异。基于二者"量"与"质"的区分，广泛而全面的素材"占有"，有助于产品形态设计发散性思维的开启，能够为形态构建提供广阔的空间、领域和可能性，并确保形态创设

"新思路"的流畅性、变通性与独创性。在设计实践中，素材资源往往是以非理性的形象思维产生效应，常表现为灵感、顿悟、直觉等行为与方式。根据此价值的内涵和特性，素材资源多是以富于特征与感染性的物象、旋律和故事为主。相较于素材，典型且严谨的原型"获取"则利于设计聚合性思维的能效发挥，将从属于不同类别、领域和视角的素材"灵感"汇聚一处，以严谨循证的方式，达成形态设计的闭合性、连续性、求实性，频现为由此及彼、勾连往复的逻辑性推演表征，以科学原理、技术模型或思想共识等对象居多。而无论产品形态的创新设计是依托、择取哪一种思维，抑或是偏重于其一，均需先为思维的起点、动因与取向觅得一个基点、比照或标尺。对于产品形态设计的创新，富于启发性的素材原型无疑是促成其逻辑思维展开所需要概念、判断、推理的依据；而对于设计创新所倚重的形象思维，一个或一类素材原型亦可成为设计者直觉、灵感、顿悟等思维的动情点（图3-52）。

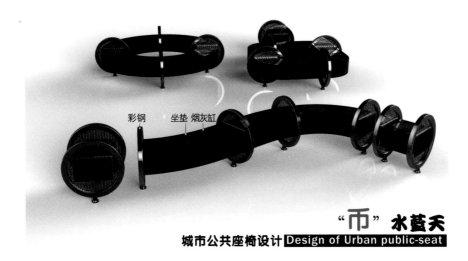

图3-52 "币"水蓝天——公共座椅设计
（设计源于"钱币"，意为：置身于"物欲横流"的人们，犹如"水中浮萍"
身不由己，渴望着拥有属于自己的"一片蓝天"）

3. 信息价值

根据主观与客观的辩证关系和认知心理学，产品及其设计的客观属性只有为人的主观所感知才具有价值，而产品形态正是这种客观对主观达成促进或推动作用并形成价值凭据的介质和途径，是产品与人之间实现有效而高效信息传递的主要诉诸对象与方式选择。而基于产品语义学，这种信息输送效率在某种程度上取决于产品形态传示相关信息的能力和品质。依循美国设计心理学家唐纳德·A.诺曼的观点，好的设计应具有"可视性及易通性"特征。相比文学，艺术作品价值彰显与品评的讳莫如深与

图 3 - 53　特斯拉汽车车匙
（来源于"锁开合"的图示与内外的
"色彩分差"，令其使用者一眼即明）

莫衷一是，产品形态设计的优劣不仅在于其形态相对一致可观、可感的审美价值体认，还在于形态观之清、用之适、过之悟的实用与认知的共识特质，即产品形态设计的理想目标和价值取向应是为用户提供一种看得懂、用效佳与感触深的形态（图 3 - 53）。基于符号学的认知，产品形态作为一种非语言符号，预达成其相对准确、高效与美的语义传示，必须诉诸巧妙而有效的素材原型，以满足用户认知产品的知觉类比需求。因此，适用于产品形态设计的素材原型需满足相对典型的对应性、良好的通识性和积极的普适性等诉求，以提升其知觉类比的效率和效应。换而言之，依循索绪尔的符号学理论，在一定意义上，产品形态设计只是运用客观现实、层见叠出且广为通识的语言符号（搜集的素材），围绕特定的主题诉求（设计理念），通过语构学精巧地设置符号间的新结构关系（原型的整合），运用语义学独创性架构"新符号"与所指的关联（原型的转化），并以语用学的恰当方式将"新符号"表述给他人（产品形态的呈现），并力求获得相关要素较为统一的共识或共鸣，达成的是"最熟悉的陌生人"的信息传示能力和价值。依据产品形态的符号语言特质，素材原型构成的是这种符号语言设计的基础依据和基本面貌，语法、修辞和逻辑等便是素材原型得以转化为"目标形象"的设计手段和策略，焕然一新的产品形态则是素材原型的设计去向和结果。

伟大出自平凡，平凡造就伟大。比照产品形态设计被寄予的价值，其素材原型无疑是"平凡"的，它应是存在于你我周遭、通俗易懂、深谙其道的接地气的人、物或事。而借助于语言学和符号学的相关认知，产品形态设计的工作内容、价值与意义便在于：营造素材原型与设计目标物间的独特结构关系，巧妙地阐释二者间的逻辑关联，并将其落实成最为契合的使用方式和语境（图 3 - 54）。因此，产品形态设计并不是空穴来风与凭空臆造，其凭借与依托的素材原型就存在于日常的点滴生活之中，而其难度在于捕捉、挖掘的独具慧眼，调整、重构的巧夺天工，更为重要的是达意、传情的言简意赅和至善至美。

4. 系统价值

科隆国际设计学院教授迈克尔·厄尔霍夫言明：产品形态设计是一项系统行为，它是将确定的设计任务转化为特定系统的形态具体描述。根据产品形态设计的素材原型面向，产品形态与其素材原型同属于一个特定系统，均为该系统必要且存在密切关联的构成要素。作为特定系统彼此相关、相对的要素，素材原型是以"物质与意识统一体"或"单纯意识"的内容与形式作用于产品形态设计的理念和方略，并经创设活动反哺于素材原型，以"新"素材原型再次"激发"新的设计活动，进而确保相关系统的常更常新、持续发展。

首先，素材原型是产品形态能够有效融入与服务于相关系统的前提基础与实施条件之一。依据李砚祖教授的人造物层次理论，产品形态设计完成的产品形态属于人类造物系统的中间层次，它既可与其他设计造物构成一个"中层子系统"，而该子系统亦可与基础、艺术等其他层次造物形成统一、整体的人造物系统。基于系统论的认知，产品形态作为人造物系统的重要一员和要素，其设计活动可诠释为以构建与既有相关系统的关系为着眼点，凭借大量而有效地洞悉、了解相关系统的结构、功能、行为和动态等要素信息，通过创设"新要素"与系统既有要素的"相融共生"属性，以达成特定系统的有机性与整体性诉求。若以系统作为产品形态设计的"归宿"，产品形态是通过与相关系统某类素材原型取得"融生"关系，作为其加入与成为系统一员的条件和方式，而素材原型的价值则在于：第一，作为相关系统的既有要素，素材原型构成的是产品形态设计实践需以重点关照与"融生共存"对象（图3-55）；第二，物质型素材的形状、结构、材料和非物质原型的思想、规范与原则等信息，是产品形态设计必要与必需依托、关注的要素。基于物质相似相溶原理与系统类比、同构理论，产品形态设计达成的系统"新要素"，欲能有效、有机地

图3-54 鲨鱼鳍茶隔设计

图3－55　中国古典门与门拉手、
锁的风格系统性

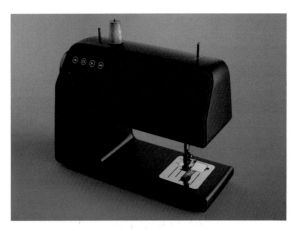

图3－56　Lappland＿vifa缝纫机设计
（"布质"的设置巧妙地"言明"了
产品功能与工作环境）

融入、服务于既有系统，必然被诉诸可满足"相溶"的相似"基因"（显性或隐性），其内涵、表征等属性也定然能在既有系统要素中觅得可类比的"同构"信息。因此，素材原型的系统价值的表述：它既是产品形态融入相关系统具有"基因"效能的"助力剂"，也是产品形态服务特定系统富于"同构"作用的"催化剂"（图3－56）。

其次，素材原型是系统能够对产品形态及其设计形成"场效应"的依托条件与着力要素。在特定系统的"场"作用下，产品设计创设的"新形态"在内涵机理与外在表征等层面会被植入、赋予既有系统某种相对一致或共通的信息，进而使其获得能够融入该系统并维系其发展所需的必要"关联"或"响应"，而由此构建的"新"产品形态不仅是特定系统"旧元素关系"的延续，更意味着"要素新组合"与"场更新"达成的系统升级和新生。根据素材原型的面向界定，素材原型既是特定系统重要的内容和构成要素，也是与产品形态设计存在映射和关联的对象。因此，系统给予产品形态设计的"场效应"是可以依托与凭据素材原型予以达成和体现。素材原型不但可作为"场效应"的力量缘起和路径，亦可构成"场效应"的价值参照和圭臬。需要明晰的是，在产品形态设计的实践中，遵循场论的取值性质，系统给予产品形态设计的"场"既是一种"数量场"，也是一种"向量场"。即一个特定产品形态，其设计与架构可源于多种素材原型的合力效应，产品形态的内涵与表征取决于其中"量大"的一方。这是构成产品形态领域"同功似形"和"同功异形"现象的重要因由之一（图3－57）。

图3-57　不同设计形态表征的别克系列汽车设计

作为特定系统内一组相对、相关要素，素材原型在设计的驱动下转换为所需产品形态的同时，"新"产品形态又会以新的内容与形式丰富与拓展着素材原型的属性，二者是在不断"旧与新"的角色转换中实现着特定系统的持续发展，而设计则是推动这一转换和发展的重要动力与条件之一。物质决定意识，意识支配行为，行为指向价值。素材原型作为产品形态设计活动中重要与关键的要素，不但给予产品形态构建以"物"的基础，还为其行为以"形"的动力和"态"的依据，更为其价值达成以创新、信息及系统等视域的观照。海纳百川，有容乃大。相较于艺术造物的小众性和技术造物的专向性，产品形态的架构作为一项创造性的系统工作，无论就形态的产品属性，还是其达成方式，均诉诸其设计需发端于素材原型博采的基础，构想于素材原型凝练的前提，成型于素材原型创新的途径，回馈于素材原型系统的诉求。

3.5　产品形态设计的材料、工艺与结构

产品形态设计不同于一般意义的艺术创作，它与科学技术间存在着密切关系。一方面，科学技术的发展会启迪并带动人们生活与生存需求的不断提升，使得产品形态设计成为一种与之相映射与协调的常态性诉求；另一方面，依托新形态的产品在满足人们既有需求的同时，"新需求"也会激发、驱动着科学技术不断前行。因此，在产品形态的架构及后续的形态成型中，相关材料、工艺与结构的有效认知、科学选择及合理运用，是设计师必须给予高度关注与认真对待的重要内容和关键因素。鉴于材

料、工艺与结构等具体问题有相关的专业书籍与课程的介绍和讲授，本书的重点在于阐释材料、工艺与结构同产品形态及其设计间的关联性。

3.5.1　材料、工艺与产品形态

对于产品及其形态架构，其用材与相关成型、涂饰工艺是"配套出现"的。相关材料在其"配套工艺"的作用下，会具有不同的物理特性、化学特性，而其对应的产品形态表象也会呈现出不同的感官属性，进而引发观者迥异的视觉印象和心理感受。依循阿恩海姆的视知觉理论，相对浅层的感知是表象的颜色、光泽、肌理等会形成轻重、冷暖、软硬、亮暗、干湿等生理感受；而较为深层次的感知则是具有特定指向的情感信息、思想意涵与价值取向的"领悟"，如个性与普适、内敛与开放、人性与生态等。同时，产品形态的物质属性也表明，相关材料及其加工工艺对于产品形态及其设计具有"制约"与"能动"的双重属性和效应，即特定的材料与工艺是决定与判断产品形态能否架构、如何架构及效益几何的基础、条件和圭臬。

1. **材料的固有属性与产品形态**

产品形态采用的任何一种材料都有其固有的特质属性，不管是天然形成的（木、竹、石等）还是人工合成的（金属、塑料、玻璃等），如一般情形下木材的胀缩性与可降解性、塑料的可塑性和绝缘性、玻璃的抗压性及透光性等。材料的固有属性可以分为物理与化学属性，这些属性在决定着材料自身特点的同时，也会影响、左右着其对应形态的"生成"。对于某一产品形态而言，往往有些材料能很恰当地表现它的造型风格和特点，而倘若选择了不适宜的材料，就会弱化甚至毁掉设计。因此，材料的固有属性应同该材料"生成"的形态诉求之间存在着匹配和契合关系（图3-58）。

　图3-58　伊姆斯躺椅的设计形态充分考量与发挥了木材与皮革的固有属性

由于材料间固有属性的差异，每种材料都会呈现出不同的质感表征。同一形态，选用不同的材料，给人的心理感受也存在着一定的差别。粗糙的肌理给人以厚重、苍劲的感觉，而光滑细腻的肌理则会给人以雅致、含蓄的体认。同时，材料的固有属性也会影响着材料的应用领域。如强度低的材料不适合做产品的外壳；表面硬度差的材料不宜用在与环境接触多的部分；热导性好的材料尽量少在手柄等处使用等（图3-59）。

竹编+铁艺+黑色烤漆

玻璃纤维+红色漆面+
金属镂空+黑色烤漆

玻璃纤维+白色漆面+
金属镂空+黑色烤漆

图3-59 "纽带"公共座椅设计

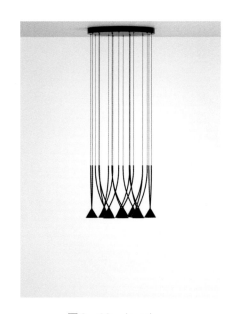

图3-60　Jewel——
像吊坠一般优雅的吊灯

图3-61　Twist chair

2. 材料的视觉表征与产品形态

材料作为一种物质存在形式，不同种类的材料必然以各自特定的质感、色彩与状态，呈现出不同特质的视觉表征。同时，同一种材料也会因不同的成型工艺与加工方式，使构成的形态表现出异样的视觉特征。基于视觉感观，材料的加工形态包括三种：线材、面材和块材。其中，采用线材构成的形态，具有流畅的空间运动感，它既可以成为形体的骨骼，也可作为形体的轮廓；线材又有直线材和曲线材之分，从视觉心理上看，直线材给人以单纯、明确、硬朗和理智的印象特点，曲线材则彰显了更多的无序、婉约、动感与感性；面材的情感含义是轻薄、广阔，有近似线材的意涵，具有延伸的寓意；块材传达的是体的概念，具有极佳的体量感、稳定感和存在感（图3-60至图3-62）。

需要说明的是，一个产品形态往往由多种材料构成，产品形态的视觉表征是其构成各种材料感官效应的综合显现，而非某一材料理化特质的单一感悟。因此，产品形态设计对于材料的选用，在考虑其视觉表征的同时，设计理念的诉求、产销企业的意愿与产品用户的反馈才是具有"决策力"的导向和依据。

　图3-62　"BKID"血液检测装置设计

3. 材料的加工工艺与产品形态

根据设计的需要，不同材料会"对应"着不同的成型工艺与涂饰方法，而不同的工艺方法亦会对产品的形态创设具有直接或间接的效应，这种效应可以是策动性、指导性的，也可以是限定性与规范性的。设计者在选择某一设计方案对应的材料时，首先应着眼于所选材料及其加工工艺与"预设形态"之间的可行性与可操作性——能否表现出理性硬朗的线型？是否利于柔和曲面的达成？IMR（模内转印）与水转印工艺哪种更适合？……这就需要设计者对不同材料的加工工艺有着较为系统的理性与感性认识，以提升选择适当材料完成设计形态的能力与效率。比如，金属的钣金工艺比较适合于完成以直面为主的简洁形态，塑料的注塑成型工艺多可用来实现曲面造型（图3-63、图3-64）。

当然，材料的自然属性在一定程度上会限制其所能形成的形态，但随着加工技术的不断进步和新的加工手段出现，这种限制与制约会趋向于降低。因此，材料的加工工艺虽是产品形态设计考虑的重点内容（生产阶段）——产品形态需符合对应材料的生产工艺要求，但并不是完全左右设计创意自由"翱翔"的桎梏。

图3-63 空气净化器设计
（铝质与直面的机身相契合）

4. 材料、工艺创新与产品形态

材料、工艺是产品形态构建的物质基础，当物质基础发生改变时，必然促发产品形态从设计构思到最终呈现的嬗变。随着现代科技的发展，新的材料及其加工工艺不断涌现，很多过去不能或很难实现的产品形态获得了"解放"和"新生"，如塑料及其加工工艺的出现与运用就极大地改变了产品的面貌。与金属、木材相比，塑料制品设计具有较好的"弹性空间"，形态几乎变得"随心所欲"。而三维打印技术的蓬勃发展更使原本只属于工厂的生产活动摆上了寻常你

图3-64 收音机/加湿器设计
（形态与塑料主材的选择适合注塑成型）

我的案头，人人都可以是产品的设计者与生产者（图3-65）。在产品形态设计领域，新兴材料与加工工艺的发明与使用，正在逐步解除既有材料与工艺在形态创设方面的束缚，为产品形态设计的"随想"创意和个性彰显提供了更多的可能性与遐想空间。

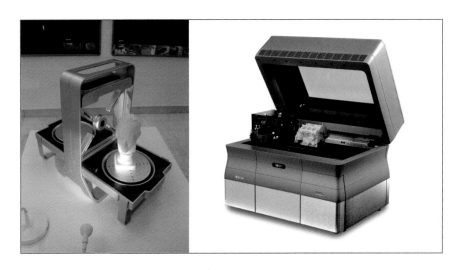

图3-65　三维扫描+3D打印，使产品创设的群体化成为现实

图3-66　烟灰缸设计
（螺旋结构实现了"夹烟功能"）

3.5.2　结构与产品形态

在产品形态设计中，结构是一个至关重要的因素，一个结构新颖的产品往往能以强大的视觉冲击力激起消费者的购买或使用热情和欲望。结构是指用来支撑物体实施某项功能和承受物体重量的一种构成形式，是产品形态赖以存在的重要构成要素。在设计实践中，产品的结构与形态密切相关，产品的各种结构担负着不同的功能，通过与不同功能的配合而形成了产品完整功能链，进而达成产品最终功能的实现（图3-66、图3-67）。产品的功能要借助某种结构形式来实现，不同的产品功能或产品功能的延伸会以不同的结构形式来表述，而结构的变化亦会以不同的产品形态得以显现。

1. 结构的特点

产品结构一般具有层次性、有序性和稳定性的特点。所谓结构的层次性是指依据产品属性及其构造的不同，其结构包括部件、组件、零件等不同隶属归类的组合关系。例如，汽车可分为车身、底盘、发动机等部件（图3-68），而发动机又可分为汽缸、活塞、曲柄等组件，活塞上又有活塞环等零件，由此便形成了结构的多层次性。结构的有序性是指产品的结构应能够确保各种材料之间建立合理的联系，即按照一定的目的性和规律性组成。有序性是产品能够有效实现其功能的前提与基础。结构的稳定性是指产品作为一个有序的整体，

图3-67 NUDE衣帽架设计
（产品的结构即是产品的形态）

无论是处于静态还是动态，其各种材料的相互作用都应保持一种平衡状态。在产品形态设计中，产品的各种结构特点及其诉求是产品形态构建必须予以充分兼顾和考量的问题，也是衡量产品形态合理性、科学性的重要依据之一（图3-69）。

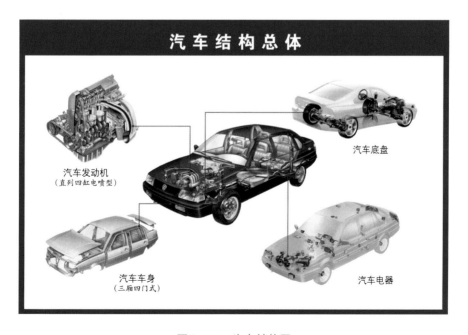

图3-68 汽车结构图

图3-69 "铜"祝"铜"贺——灯具设计

2. 结构的作用

在产品设计活动中，产品结构不仅是产品功能的物质承担者，还会以其特有的诉求丰富着产品的形态，是功能与审美的基础与结合点之一，是应时时予以重视的产品形态设计要素之一。很多产品的结构与形态是很难界定与划分的，往往产品结构就是产品的设计形态。在设计实践中，产品形态设计一般会位于结构设计之前，但这并不意味着结构设计的从属地位。产品形态设计与结构设计的脱节常常会造成其造型与功能的"无机"状态，甚至导致最终造型的失败。产品的形态与功能只能在科学、合理的结构中才能发挥出其应有的效能（图3-70）。

3. 结构的确定

产品结构作为产品功能及形态的载体，是依据产品功能目的和形态诉求来选择和确定的（图3-71、图3-72）。同一功能目标可由不同的结构及技术方案来实现与达成，结构与功能、形态间并不是单一的对应与指向关系，而是具有多重、多向的属性。在一定意义上，产品的功能决定了产品的结构，而结构又决定了产品需要不同的形态予以契合。同其他科学技术与产品形态的关系一样，产品结构引发的对于产品形态的束缚也在不断地随着新技术、新材料与新工艺的出现而得到渐进式的"松绑"与解困，为设计者放飞设计构想提供了越发广阔的空间与舞台。

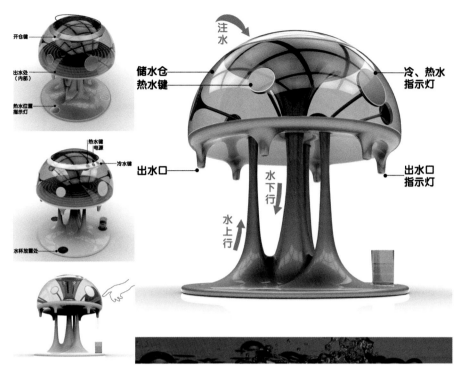

图3-70 "水母"之创想——饮水机设计

图3-71 "杯盏"咖啡机设计，凸显
"茶"与"咖啡"不同的文化"融合"

图3-72 蒸汽咖啡机设计，
强化了"蒸汽"的功能特色

4. 结构的衔接

结构衔接问题是处理产品形态需要关注的要素。产品结构衔接形式与方式的不同，会使得产品形态和使用方式呈现出繁多、复杂的态势，为产品形态设计拓展了更多的可能性与可行性。不同的产品形态会诉求不同的结构衔接与之配合，而不同的衔接结构亦会衍生不同的产品形态（图3-73、图3-74）。

图3-73 "圣诞老人"杯子设计
（螺旋式开启结构）

图3-74 "悦滴"饮杯创意设计
（卡扣式开启结构）

◇ 本 章 小 结

（1）产品形态由无到有、由点到体的架构与呈现必然存在着"合乎理性的"成因。

（2）产品形态设计的思维是一种实用、科技、审美及系统等众多视域面向综合观瞻、兼顾与运用的独特思维。

（3）一个完整的产品设计理念包括设计创意与设计学理两项主要内容，它是产品形态设计的思想基础与行为指南。

（4）素材原型的价值效用需贯穿于产品形态设计的各个环节和阶段，为产品形态的营造方法、创新策略、传示方式与系统效应等方面提供原型。

（5）材料、工艺与结构的有效认知、科学选择及合理运用，是产品形态设计的重要内容和关键因素。

◇ 习 题

（1）以某一优秀的产品形态设计案例为对象，分析其成因与材料工艺。

（2）依据一定的设计理念，收集自然或人为素材，图解说明其设计价值。

◇ 课 堂 讨 论

讨论在非物质设计中，产品形态设计素材原型的来源问题。

第4章

产品形态设计方法

1. **本章重点**

（1）产品符号学的基本学理架构及其在产品形态设计中的运用；

（2）仿生学与产品仿生设计法的认知及其实践原则；

（3）功能模块设计法的分类剖析与方法解读；

（4）CMF设计的维度与应用方法认知与掌握；

（5）产品形态"美"的认知与创设方法。

2. **学习目标**

掌握产品符号设计法、仿生设计法与功能模块设计法等常见的产品形态设计方法，了解各设计方法的实践方式与基本原则。

3. **建议学时**

16学时。

产品形态设计是以产品的物态形象呈现为表征的，产品形态设计解决的首要与关键问题在于如何以相对科学、适宜和有效的方式、方法架构产品形态，使之满足产品设计的目标诉求，实现产品及其设计的预期价值。如同产品设计领域的其他构成要素与内容一样，产品形态设计方法也是一个不断更新与开放的体系，相关的学科专业、科学技术及其他条件要素的嬗变、发展都会促使和达成产品形态设计方法的渐进式变更、丰富与拓展。

4.1 符号设计法

4.1.1 符号与符号学

1. 符号

什么是符号？英文中的Symbol、Sign和Mark都可翻译为中文的符号。由此可见，符号的意涵是一个既简单又复杂的问题。很多符号领域的学者甚至认为，无法给出一个令各方都满意的定义。著名学者赵毅衡教授给出的界定是：符号是被认为携带意义的感知。意义必须用符号才能表达，符号的用途是表达意义。反过来说，没有意义可以不用符号表达，也没有不表达意义的符号。而相对一致的认知是符号首先是一种象征物，是人们共同约定用来指称和代表其他事物；其次符号是一种载体，它承载着交流双方发出的信息。作为人类文明与社会生活中一个重要对象，符号一般具有抽象性、普遍性与多样性等特征，包含表述和理解、传达与思考等主要功能。符号通常可分成语言符号和非语言符号两大类，这两类符号在使用、传播过程中通常是结合在一起的。其中语言符号包括口头语和以书写符号文字形态出现的书面语；非语言符号包括图像、形态、光亮、音乐和人的肢体语言等，而语言符号是最重要的，也是最复杂的符号系统（图4-1、图4-2）。

设计
she ji
設計
Design
デザイン
проектировать
Designo

图4-1 "设计"的多种文字符号

2. 符号学

符号学广义上是研究符号传意的人文科学，当中涵盖所有涉文字符、讯号符、密码、古文明记号、手语等科学。符号学理论提倡用符号的观点来研究一切学科和现象。符号学之父索绪尔（Ferdinand de Saussure）认为"语言是一种表达观念的符号系统"，他认为每种符号都有两个层面上的意义，一是能指（又叫意符、符形，Signifier），指物体呈现出的符号形式；二是所指（亦称意涵、符旨，Signified），指物体潜藏在符号背后的意义，即思想观念、文化内涵、象征意义（图4-2）。

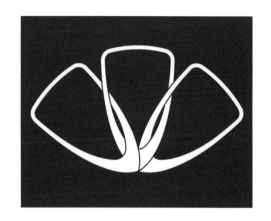

图4-2 Logo

符号学（Semiotics）一词来自古希腊语中的Semiotikos。现代符号学研究萌生于20世纪初，发展于20世纪60年代。瑞典语言学家费尔迪南·德·索绪尔和美国实用主义哲学家查尔斯·桑德斯皮尔士是现代符号学理论的奠基人（图4-3、图4-4）。符号学理论认为，人的思维是由认识表象开始的，事物的表象被记录到大脑中形成概

图4-3 费尔迪南·德·索绪尔
（Ferdinand de Saussure，1857—1913，瑞士语言学家）

图4-4 查尔斯·桑德斯·皮尔士
（Charles Sanders Peirce，1839—1914，美国哲学家、逻辑学家、自然科学家）

念，而后大脑皮层将这些来源于实际生活经验的概念加以归纳、整理并进行储存，从而使外部世界乃至自身思维世界的各种对象和过程均在大脑中形成各自对应的映像。这些映像以狭义语言为基础，又表现为可视图形、文字、语言、肢体动作、音乐等广义语言。而这种狭义与广义语言的结合即为符号。

3. 符号的模型

语言学家与符号学家们为了更为清楚而直观地表达各自对于符号概念的理解，一般都会用符号模型来描述符号，由此衍生出了如今被用来描述符号的一些基本术语。基于具体理念的不同，可以有多种符号模型分类方式，三元一体模型（语义三角）和符号二元一体模型是其中最为主要的类型。各种不同的符号模型分类，其核心内容是基本一致的。

（1）三元一体模型（皮尔士符号学）

在符号三元一体模型里，符号是能指、所指、指涉物这三者的全体指称（图4-5）。其中，能指也可称为符号载体，它是指可辨识与可感知的刺激或刺激物，在产品形态设计中可以认定为产品的形（包括色彩、结构、肌理等）；所指是符号所表达的意义、意思，或者说是能指所代表的"思想、意涵"，可以认定为产品形态设计中产品的态；而指涉物是能指所代表的具体事物，如太阳、灯具都是现实中能够给予"照明"的具体事物。

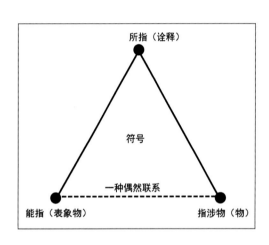

图4-5　三元一体模型

符号的语义三角是用来澄清与说明能指、所指、指涉物关系的模型。在符号的语义三角中，表象物（Representament）是符号所采用的形式；诠释（Interpretant）是诠释者心中对于符号意义的把握；物（Object）是符号所指涉的对象。

在这里，表象物类似于能指，诠释类似于所指，物即指涉物。需要指出的是，在能指（表象物）与指涉物（物）之间采用的是一条虚线，且注明的是"一种偶然联系"。其意涵为，能指所要表达的指涉物并非唯一、必然的联系。

（2）二元一体模型（索绪尔符号学）

该符号模型是将三元一体模型中的"指涉物"舍弃掉，只保留了能指与所指，而符号研究中普遍采用的"能指"和"所指"的术语也由索绪尔率先提出

（图4-6）。这一模型的结构显得比三元一体模型更为简洁、明了。一个事物成为符号所要具有的要素，其中最为重要的就是能指（符号的形式，即产品形态中产品的形）和所指（符号的意义，即产品形态中产品的态），两者不可分割地联系在一起。用索绪尔的话说，能指和所指就像一张纸的两面，是紧密联系的。当我们运用符号的时候，这两者是作为整体同时、同位地出现在我们的思维中，这样我们才可能运用符号进行思考与沟通。因此，人类使用的各种符号并不是我们所熟悉的客观物理事物，而是我们的思维产物。在实际应用中，符号也常常被通俗地视为由形式能指和意义所指构成。

4. 符号的分类

基于美国符号学家皮尔士的三元一体模型理论，根据符号形式和指涉物之间的关系，符号可做如下具体分类。

（1）象征符号：符号形式与指涉物之间没有形似性，符号形式和意义之间也无必然联系，可能只是随性的约定俗成或纯粹制度化的象征（图4-7、图4-8）；

（2）图像符号：符号形式被认为对指涉物具有相似和模仿的性质（图4-9）；

（3）指示符号：符号形式直接以某种方式与指涉物相联系，这样的联系可以通过观测和推断来获得（图4-10）。

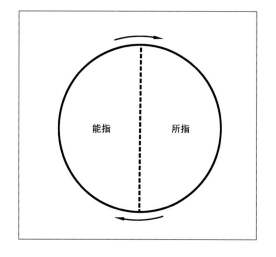

图4-6　二元一体模型

图4-7　钱币

图4-8　世界部分国家国旗

　　　　图4-9　卡通画

4.1.2　符号学的构成

作为皮尔士符号学的解释者，美国哲学家查尔斯·威廉·莫里斯（图4-11）在皮尔士符号学以及杜威实用主义哲学理论的基础上，进一步提出了行为符号学，他除了从功能意义上对符号行为进行划分外，还在其《符号理论的基础》一书中首次提出语构学（Syntactics，也译为语形学或句法学）、语义学（Semantics）和语用学（Pragmatics）三门学科的划分。其中语构学是研究符号与符号之间的关系，即符号结构的编码规则，而不涉及符号意义问题，如主谓宾、定状补等语法结构，布尔运算、黄金分割等数理逻辑的形式演算；语义学是研究符号与其指涉对象之间的关系，即研究符号的意义问题，或者说是研究符号通过其形式（符形）所传达的关于符号对象的信息，如玫瑰——爱情、♫——音乐；语用学是研究符号与其使用者之间的关系，即符形、对象以及符号情境之间的关系。而符号情境则是指符号使用者应用符号传达思想感情时的具体环境。

值得关注的是，在莫里斯关于语构学、语义学和语用学的理论体系中，语构学侧重于符号自身关系的逻辑理性，是一种"以理论物、以法定物"的思维脉络与实施方式；语义学和语用学主要表现为符号与他物（人）关系的逻辑感性，二者都研究符号的意义，"物意一体、以物达意"是其逻辑与感知的方式与取向。它们之间的区别在于是否依赖符号情境。对情境不

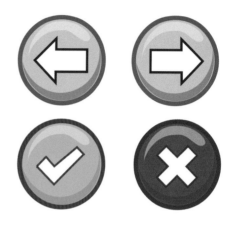

图4-10　箭头符号

图4-11　查尔斯·威廉·莫里斯
（Charles William Morris，1901—1979，美国哲学家，现代"符号学"创始人之一）

依赖或依赖较少的符号释义属于语义学范畴，而依赖情境的符号释义则属于语用学领域；同时，莫里斯对于符号学的学科门类划分及内涵界定只是一种认识与解释符号及其系统的方式与方法。作为一个相对较新的学科领域，符号学虽尚处于不断发展、完善的阶段与状态，但仍具有一般学科具有的系统性、整体性，单纯、主观地将其"分解"为不同部分进行分析与研究，显然会存在一定的偏颇或不足。因此，对于符号学的语构学、语义学和语用学的构成划分，部分与整体的辩证认知与把握是必要与必需的。

4.1.3 符号学与产品形态设计

符号学是一门关于符号分析和符号系统功能研究的学科。符号学最显著的特征就是拒绝将主体和客体分离，将符号定义为主体和客体最初的统一。这种主体客体统一的思维方式、价值取向与实践方法论，同产品形态及其设计的表征与目标具有一定的契合性、一致性。在现代社会，产品已远远超出了具有使用价值的物品和具有交换价值的商品的概念，更多地被赋予与拥有了符号的属性与特质，被视作一种非语言性质的符号。

产品设计是人类社会满足生存、生活与发展进步需要的重要文化构建行为，是一种物质性与精神性高度融合的文化创造。而依循索绪尔的观点，人类一切的文化现象都可理解为符号现象。产品可视作由众多子符号个体构成的一个符号系统，它是企业和消费者互相沟通的桥梁，并以其特有的符号表征与效应向人们传递产品的各种信息。产品设计达成的产品形态作为一种符号现象，其设计面向与达成的是一个相对完整的符号体系与信息传示系统。产品形态符号可以理解为一个物质形式或产品的外在表征，依据某项特定的需求、条件与原则而构成。产品形态设计除了要完成产品形态符号物质效能以外，还要通过其揭示产品的物质与精神文化内涵，诠释设计者独特与创造性的设计理念、价值取向等哲学意涵及观念诉求，体现的是特定时空、语境下积极的社会发展导向和主流价值观（图4-12）。作为人类社会的一种文化现象，设计产品是一种专业、技术现象，使用产品则是一种生存、生活现象。作为产品用户，不必也不需要了解产品形态的内在原理、技术特性以及成型工艺，关注的要点与核心在于产品形态能否有效、有质地满足其某种需求或欲求，成为其生存与生活的"助手与伴侣"。依据马斯洛的需求层次理论，这个"助手与伴侣"应是宜人的、体贴的且富于价值的，即看得懂、用得美、有体认的。而这一切的表征及意涵与符号的能指、所指可谓"不谋而合""异曲同工"，即产品形态设计可诠释为一项非语言性质的符号设计。

图4-12 驯服的病毒——"COVID-19"病毒监测仪设计

符号学指导下的产品设计理论，可称为产品符号学或产品符号设计。基于莫里斯符号学三分法，我们可以把产品符号学划分为产品语构学、产品语义学和产品语用学。就产品形态设计而言，产品语构学解决的是产品形态设计的"合理性"。这个"理"具有相对客观的属性，其内涵不仅包括形态外在"形"的架构依据（功能逻辑、美学与视知觉心理、材料及工艺特质等），还包括形态内在"态"的相关诉求（机能与结构、内核技术的物理特性和彼此逻辑关系等）。产品语义学关注的是产品形态设计的"合情性"。这个"情"是相对主观的，是相关用户对产品形态作为客观符号所持的态度体验，它与用户既有态度体验中的内向感受、意向具有一定关联性、协调性与一致性，指向的是产品形态的所指意涵。而所谓的"合情性"则是指产品形态的所指与相关用户"预期情感"的契合与共鸣（图4-13）。基于产品形态及其设计面向的泛化性与普适性，以语构学与语义学分析与处理产品形态及其设计，其"答案"往往具有通识性和一般性的特质；对于语用学，它"谋求"的是产品形态设计"合情"与"合理"的整合、兼容与兼顾，达成的是在具体环境中，面向具体的使用者，产品形态符号如何能够有效地发挥效能，呈现的是产品形态的个性化与系统化表征。纵观上述内容，不难看出：一个相对完美、优秀的产品形态，运用语构学的形态创设需要语义学提供的"内涵诉求"为价值导向与思想支撑；基于语义学的形态架构需要语构学的"外在供给"为物质依托和视觉转化；而经语构学、语义学完成的形态则需要得到语用学的"舞台设定"与"修正补足"。

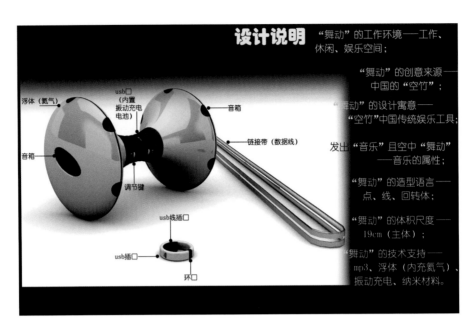

图4－13 "舞动"音响设计

在符号学三分法指导下，产品形态设计的内容与形式、思维方式与价值圭臬均具有新的维度与参照系，产品形态的符号认知令其设计的对象及表征转化为符形的创设，设计目标表现为符形与其内涵有效、有机系统的达成，而设计价值则彰显为符号（产品形态）与其用户的良性与共赢性"互动"。

1. 语构学与产品形态设计

（1）方法与表征

基于语构学，产品形态设计的主要工作在于产品形态作为客观物象的架构，即产品形态的点、线、面、体、色、质等构成要素需要按照某种规则、法则或逻辑，进行组织、设置与调整，直至最终的构建。常见的规则、规范及逻辑关系可划分为数理类、功效类和美学类等三类，具体的内涵及表征包括：

① 数学与物理等自然科学的严谨性、逻辑性形成的"规则"。这类"规则"因可以论证、验证与通识、推广，而具有较强的说服力、普适性。该类"规则"主要包括等差、等比数列和曲线、曲面函数等数学逻辑；平衡、稳定、守恒等物理原理；有效视域、操作半径、疲劳指数等人机工学要素。数理类"规则"可满足产品形态对于节奏、比例、韵律、协调、均衡等方面的诉求（图4－14）。

② 产品功能达成其预设目标成效、效率需要的"规范"。这种"规范"往往具有相对的硬性、约束性与个案性等特质，解决的是产品功能达成目的诉诸对应的逻辑"编排"，如有效操作的顺序、方便使用的层次、高效完成的组合等。在设计实践中，

这种"编排"可通过承担产品各子功能符形的堆砌、贴加、叠合、贯穿等方式予以构建，亦可依托产品形态的立体化、分形、分质等处理手段达成（图4-15）。

③ 哲学、心理与艺术等人文科学的常识性、原则性达成的"范式"。这种"范式"具有一定的共识性、流派性与传承性，是以领悟、遵循与感知的方式，通过形式逻辑学、形式心理学、形式美学等予以体认，具有多样性、文化性和仪式感等表征。如天圆地方的中国空间哲学认知、完形规律的格式塔心理学主张、后现代主义风格与高技派等设计观念（图4-16）。

（2）原则与取向

产品形态在语构学的相关规则、规范及范式导向下，其表征会呈现出一定的程式化、规律性与可复制性，这种表征并非绝对与严格意义上的整齐划一、步调一致。姿态万千、纷繁多样的产品形态客观现实与设计工作、语构学的内涵及价值诉求等因素均表明：产品形态符号间的"规则、规范或逻辑"是可商榷的、变通与弹性的，是按照某些原则予以实施的，目的在于确保最终符号的语义活力与语用应对性。依据语构学的实施方法与应用策略，逻辑性原则、寻根性原则、功能与形式的双赢原则与合理定位原则等是其原则的主要构成。

① 逻辑性与寻根性原则主要是指语构学解决问题的方式、方法具有的规律性和传承性特质，即运用语构学进行产品形

图4-14 符合黄金比例的lenke吊坠照明灯设计，点亮了用户的思维空间

图4-15 空气净化器设计
（工作界面采用了分色与立体化的处理方法）

图4-16 "手电"饮水机设计
（以"老物件"致敬"红蓝椅"）

态设计应是一项有法可依、有据可循的行为（图4-17）。

②功能与形式的双赢原则和合理定位原则言明的是，基于语构学的产品形态设计应遵循与满足"设计"的诉求，即以形式与内涵的统一体，服务于特定空间的特定人群，非是单纯的符号"关系"处理。依据这一原则，产品形态设计中采用的语构学思维方式与实践方法已不局限于莫里斯的语构学意涵界定，而是语义学和语用学的有机综合及兼顾（图4-18）。

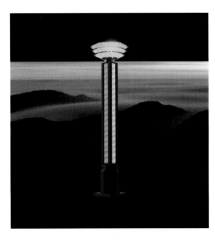

图4-17 路灯设计，是中国古典纹样与"天圆地方"思想的运用与彰显

图4-18 草坪灯设计，是"竹笋"语义的诠释

2. 语义学与产品形态设计

（1）缘起与内容

相较基于语构学的产品形态设计，产品形态的语义学设计则具有相对成熟、完整的理论体系与实践方法论。其理论架构始于1950年德国乌尔姆造型大学的"符号运用研究"，更远可追溯至芝加哥新包豪斯学校的查理斯与莫理斯的记号论。而这一概念与理论体系较为正式的确立则是由美国宾夕法尼亚大学的克劳斯·克里彭多夫教授与俄亥俄州立大学的布特教授于1983年明确提出，并在1984年美国克兰布鲁克艺术学院（Cranbrook Academy of Art）由美国工业设计师协会（IDSA）所举办的"产品语义学研讨会"中予以定义："所谓产品语义是研究人造物在使用环境中的象征特性，并将其知识应用于工业设计上。这不仅指物理性、心理性的功能，而且也包含心理、社会和文化语境，我们将之称为符号语境。"他们认为产品语义学是对旧有事物的新觉醒，产品不仅要具备物理机能，还应该能够向使用者揭示或暗示出如何操作使用，同时产品应该具有象征意义，能够构成人们生活当中的象征环境（图4-19）。产品语义学突破了传统设计理论将人的因素都归入

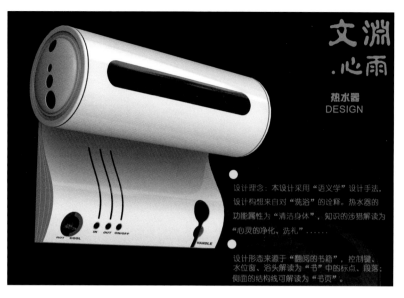

设计理念：本设计采用"语义学"设计手法，设计构想来自对"洗浴"的诠释。热水器的功能属性为"清洁身体"，知识的涉猎解读为"心灵的净化、洗礼"……

设计形态来源于"翻阅的书籍"，控制键、水位窗、浴头解读为"书"中的标点、段落；侧面的结构线可解读为"书页"。

图4-19　　"文渊·心雨"热水器设计

人机工程学的简单作法，扩宽了人机工程学的范畴；突破了传统人机工程学仅对人的物理及生理机能考虑，将设计因素深入人的心理、精神因素。由上述的相关阐释可知，产品语义学不仅涵盖了符号语义学的理念思维与实践方法，还将符号语构学及语用学的"积极意涵"进行了有效的介入与融合。自1983年美国工业设计师协会举办"产品语义学研讨会"以来，克劳斯·克里彭多夫教授一直从事此领域的研究工作，并不断提出关于产品语义学更为广义的陈述，使产品语义学的理论体系变得日趋丰富与完善。克劳斯·克里彭多夫教授的产品语义学主要内容：产品语义反映了心理、社会及文化的连贯性，产品从而成为人与象征环境的连接者，产品语义构架起了一个象征环境，从而远远超越了纯粹生态社会的影响。他将产品语义划分为四个层面（图4-20）：

①操作内容：使用过程实际上是人与人工物的交互行为；

②社会语言内容：人与人之间的交流实际是一种关于特殊的人工物、人工物的使用及其使用者之间的联系，因而人工物成为现实生活组成部分的同构；

图4-20　净化器界面设计

③ 起源内容：设计者、制造者、销售者、使用者和其他人都参与创造和消费人工物，并在不同程度上导致文化和物质的"熵"变；

④ 生态内容：技术和文化的自动拷贝将影响"物体系"内的交互行为。设计一种产品，也就是设计一种语言，一种可以在一定生态系统中使用并富于建设价值的语言。

基于索绪尔的符号理论与观念，克劳斯·克里彭多夫将使用者对产品及产品形态的理解划分为四个阶段。

① 产品辨明阶段：使用者通过相应的视觉线索来区分与解读产品类型和可能效能；

② 自我验证阶段：使用者通过实际操作产品（或其控制器），然后观察、评估运行结果与预期成效间的契合情况；

③ 发现新形式阶段：使用者在有效使用产品的基础上，或许会依据目标取向、既往习惯及相关环境等因素，主观、能动地"开发"出产品"新"的形式（快捷键、换壳、组合、配套、精简等）；

④ 解读符号语义：使用者基于自身的经验、素质修养、价值取向及他人认知等，通过使用产品后的"综合印象"来体认产品内涵，进而形成"反思"（情感设计的高级水平）（图4-21）。

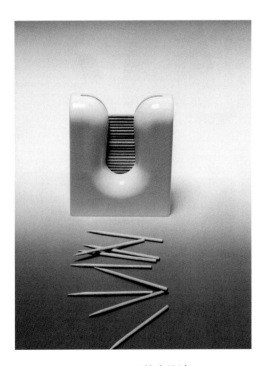

图4-21　牙签盒设计

（2）特质与表征

产品语义学是设计学与符号学具体结合的产物，是产品进入后现代设计阶段提出的一个全新的概念和契合性视角。基于产品语义学的认知，产品语义设计是以符号语义的学术观点与思维逻辑来解决产品设计相关问题的理论和方法。产品形态设计作为产品设计工作的重要内容，是产品语义设计的具体对象和载体，其设计行为与设计方法必将因产品语义学及方法论的介入，在思维、手段及目标等方面呈现出不同以往的变化和诉求，其主要表现如下。

① 产品形态的"自明性"：产品凭据形态自己的"讲话"来说明其属性即是产品形态的"自明性"。物质性产品通过其形态各要素（形、色、质等）的特质性架构，使用户能够依据形态的视觉、触觉及听觉等感官效应，即可初步判断产品是何物、具有何种功能、有什么要关注的、如何操作等信息，并对产品的基本属性、功能取向及价值目标等给出"结论"。基于产品语义学的产品形态设计的价值在于，它能够以产品用户为基点，以人的认知习惯、生活阅历、经验体会为条件，通过恰当而有效的语义认知模型构建，从而设计出易于理解、操作方便且令人回味的人机交互界面。一个好的产品形态设计，不需要过多的文字说明，就能够让用户根据其形态便能基本了解产品的大致状态，并在"自我验证""发现新形式"的心理驱动下，在尝试性地使用产品的同时，达成产品及其设计的价值与目的（解读符号），即"一眼即明"。

② 产品形态的"个性化"：现代主义设计哲学的突出问题（或者说价值偏颇）在于，由于过多地关注物质功能至上，强调形式追随功能，致使产品形态不同程度地出现了千篇一律、缺乏个性的视觉表征。随着时代发展，人们的需求和消费观念逐步趋向多层次与多元化，自我意识日趋增强，单纯地物质性消费正渐渐被体现精神需求的个性化消费所迭代。同时，随着市场竞争的日益加剧，物质功能同质化的大量产品令人陷入了"甜蜜的烦恼"（大量"合理"的产品可选择，却无法买到"合心"的产品），产品的个性化日益成为企业、设计者、消费者及社会共同关注的"话题"。产品语义学能够以符号语义的视角与举措赋予产品形态以外在的"形"和内在的"态"，使得产品原本单纯的物质功能表象获得更多的非物质价值魅力，多面向、多角度地提升了产品博得用户青睐和认同的概率与可能性，从而成为激发消费者形成购买行为的重要动因，是产品设计者手中一件有效的"作战利器"。

③ 产品形态的"象征性"：依托产品语义学来设计产品形态，其目的之一是使消费者（用户）通过产品形态辨识出产品为何物，用来做什么以及如何操作等，这仅仅满足了产品物质功能层面的需要。如果产品形态在上述基础上还能够传达出一种意味或精神，即具有象征性功效，便能够唤起消费者更多的情感体验与价值认同，而这无疑是产品形态设计的理想与最高境界。审视设计的历史与现实，优秀的产品形态设计大多会在"扮演好"其固有角色之外（实现产品基本物质功能），还担当着传达心理、社会、文化等价值的象征性角色重任（图4-22）。

（3）实施原则

认知心理学家唐纳德·A.诺曼在其《设计心理学》一书中指出了认知科学的12项要点：信任系统、意识、心智发展、情绪、互动、语言、学习、记忆、知觉、表现、

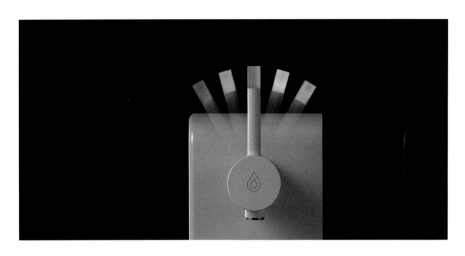

图4-22 饮水机扳手设计（以把手"颜色"表示水温，极富个性化、象征性）

技巧和思想。由此可见，"认知"是一种极复杂的心理历程。简而言之，认知历程就是由感觉到知觉再到概念，而详细的历程还尚无定论。产品形态作为非语言性质的符号，其语义具有领域性、主观性等特征，突出表现就是产品形态的语义认知差异。产品形态的语义可分为明示与暗示两种类型，而明示显然比暗示的释义更为确定，但却存在着"回味"的欠缺（图4-23）。基于上述的各因素，运用语义学解决产品形态的设计需要依循与回应如下一些原则：

① 逻辑性原则、可识别性原则与美学性原则。其中，逻辑性原则是指产品形态语义架构需考量能指与所指的认知逻辑关系，是确保产品形态能够为用户有效解读的关键所在；可识别性原则既是产品形态"择取"的圭臬，亦是产品形态构建结果的重要取向之一；而美学性原则则指向产品形态的视觉感知与其综合效应的"终极价值"。

② 适时性原则、制造可行性原则和差异性原则。产品形态不同于一般意义的符号，产品、实用、设计等基本的属性要素诉求其形态的构建必须兼顾适时性、制造可行性和差异性，而适时性、制造可行性和差异性也是符号语用学的效应彰显之一。

③ 传承性原则。依循认知心

图4-23 羽翎——梳子设计
（明示为梳理头发＋视听；暗示为
梳理令人如孔雀般美丽）

理学，类比是产品形态语义能够被有效认知的途径与方法之一，即人往往是以"既往知识"来推断"新事物"的属性。这种认知形成的机制与方式客观上诉诸了形态的传承性特质——产品形态都能或多或少地在"传统"中找到"身影"。

3. 语用学与产品形态设计

（1）内涵与表征

在产品形态设计中，语用学是以符号与使用者关系的思维逻辑与方式策略，解决产品形态与用户及其环境如何形成预期良性效应的问题，即产品形态设计可视作一种处理系统关系的行为，行为结果（产品形态）既应服务于系统，又应成为相关系统的有机组成。依循马克思主义哲学，系统是普遍存在且由若干部分相互联系、作用，形成的具有某种功能的整体。基于产品形态设计的视域，其对应与构成的系统应具有三种特性：一是构成多元性，即该系统应是由多种富于差异性的要素构成，如人文、科技及市场等；二是行为关联性，即作为相关系统的构成要素之一，产品形态设计与其他要素间存在着相互依存、作用、制约的"场效应"，如思潮感导、科技影响、地域浸染等；三是整体功能性，即产品形态设计能够促进和整合各构成要素达成系统的某种功能属性，并使之有效、持续且富于价值（图4-24）。因此，产品形态设计虽是以产品形态的创设为工作内容与行为目标，在看似"单纯"的表象下，面向、执行与承载的却是对应系统多元化、关联性与功能性等诸多特性的诉求。相较于一般性造物与艺术创作，这种系统诉求必然意味着产品形态设计不是一项"了无牵挂"的行为，注定了其中的艰辛与繁巨，是"戴着镣铐而舞蹈"。就该系统的面向而言，产品形态设计不但要考量由产品与人、产品与产品、产品与生产等构成的以产品为基点的微观

图4-24 中式餐具组合设计，源自中国"笔、砚、印章"等书写文化的诠释

系统，还要将由产品与社会、文化、生态等人工与自然环境共同维系的宏观系统纳入视野。

① 就微观系统而言，产品满足人需求的核心属性决定了产品形态设计需将"人"置于优先地位。其一，基于人机工学与产品语义学，产品的形状择取、体量设定、色彩配置、质地考量等静态要素的设计，以及工作方式、幅度、区域和频率等动态组件的架构，均会不同程度地"羁绊"于相关人群的生理、心理属性，并以产品相应功能的安全、高效与舒适实施为取向，即"机宜人"（图4-25）。其二，对于微观系统中的产品与产品，在多数情形下，单一产品是不能独立发挥效能的，常需与其他相关产品的协同、配合，才能为人所需、所用。因此，产品形态设计在兼顾"人"的同时，亦必须面对与预设系统"既有物种"在尺度、色彩、肌理、风格及动态等方面的匹配问题。其三，相较于产品与人、产品与产品，微观系统中产品与生产的矛盾可谓是与生俱来且具有一定的强制性。与产品形态设计密切相关的生产要素主要包括加工技术、材料及其工艺、营销手段与成本核算等。该类矛盾的协调、化解有赖于产品形态设计针对性的前期"信息储备"、相对严谨的"恪守"与巧妙灵活的运用。

② 对于宏观系统，其中的人工环境既指一定时期内狭义的源自设计学理论和相关思潮流派形成的本体语境，如情感设计、体验设计、后现代主义等，亦指广义上与产品形态设计相关联的拓展语境，如虚拟现实、一带一路、AI等；而自然环境则是指在特定时空内，对产品形态设计具有直接或间接效应的各种天然形成的相对稳定的生态环境。较之微观系统，宏观系统对于产品形态设计的"场效应"虽不是系统要素间的"直接对话"，常具有依循、映射、融合等间接性的表征，但却言明与昭示着产品形态设计行为的严肃性、社会性与道德使命意识。其意涵主要表现为三个方面：第一，产品形态设计不是一种"随性"行为，它需与相关的理论或观念存在着诠释与印证关系，即科学性；第

图4-25 OM长椅——怎么坐都舒服

二，产品形态设计不是一项"孤立"行为，其活动需能有效地契合、提振社会积极的主流认知和价值取向，即时效性；第三，产品形态设计也不是一个"单向"行为，它既是人类美好生活的"创造者"，亦是相关系统持续发展的"捍卫者"，即生态性（图4-26）。

图4-26　充电系统设计

（2）设计原则

基于语用学，产品形态设计被诠释与认知为一项系统行为，而非是单纯的视觉符形构建。这项设计工作应兼顾与考量到与产品形态相关的各个层面与领域，产品形态及其设计应依循的原则包括：

① 安全性原则、人性化原则。根据产品语用学，产品形态首先面向的是人，该人群包括了与产品形态具有"关系"的所有人（生产者、使用者、关联者等）。因此，产品形态的安全性、人性化既是其生产需要满足的原则，更是其被有效接纳并达成效益的保障与基础（图4-27）。

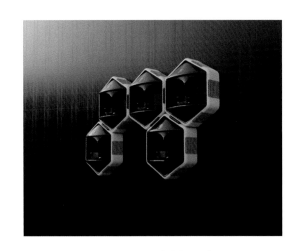

图4-27　公共饮水机设计
（该设计可满足不同身高人群同时
汲水的需要）

②市场可行性原则。产品只有能够被交换，成为商品，才能走向目标人群，进而实现其价值。市场是各方参与交换的多种系统，语用学会诉求产品形态及其创设应关注相关市场的信息。市场可行性既代表着产品形态的需求导向，亦可成为指导、调整与确认产品形态设计的因由和依据。

③可持续性原则。依循产品语用，产品形态与其服务的人群是以系统的形式存在的。产品形态不应简单地成为人们满足"一己之私"的工具，而应成为人类社会与自然生态不断前行、持续发展提供积极的助力和有效的支撑（图4-28）。

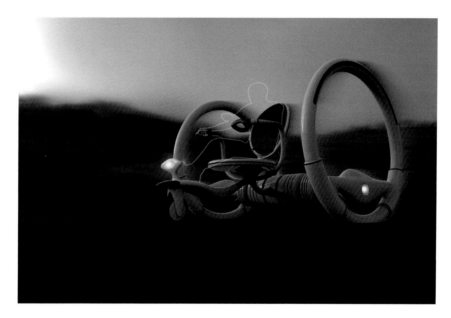

图4-28　"归雁"老人助力车设计，以"归雁"寓意老人的社会与自然属性

4.2　仿生设计法

4.2.1　仿生学

仿生学（Bionics）是生物学和技术学相结合的交叉学科，它是通过观察、研究和模拟自然界生物各种各样的特殊本领，包括生物本身结构、原理、行为、各种器官功能、体内的物理和化学过程、能量的供给、记忆与传递等，而仿生学是一种为在科学技术中利用这些原理，提供新的设计思想、工作原理和系统架构的技术科学（图4-29）。

图4-29 仿生手臂

"仿生学"一词由美国J. E. 斯蒂尔首先提出，1960年全美第一届仿生学讨论会正式建立了仿生学学科。60多年来，仿生学的研究范围主要包括力学仿生、能量仿生、分子仿生和信息与控制仿生等，形成了数学、物理学、化学、技术科学与生物学相融合的边缘交叉学科。仿生学的思想是建立在自然进化和共同进化的基础之上的，其研究内容和成果为产品设计在设计思想、设计理念及技术与机构原理等方面提供了大量富于进化思想与科学价值的技术模型支持，成为指导与辅助现代产品设计工作的一个重要学科，对于产品设计尤其是产品形态设计的理论与实践，具有深远的影响与重要的建设性意义（图4-30）。

4.2.2 仿生设计

1. 仿生设计的内涵

仿生设计学是在仿生学和设计学的基础上发展起来的一门新兴边缘与交叉学科。仿生设计是仿生设计学的具体应用与实践，它区别于人类早期的简单模仿，以自然界万事万物的形、色、音、功能、结构等为研究对

图4-30 仿生水母
（一种能自主控制的人造水母，采用了电感和智能自适应机械系统，可实现集体行为）

125

象，在设计过程中，有选择地应用各种动植物的某个特征和原理进行仿造或模仿性设计（图4-31）。仿生设计需要对前期相关学科知识和实施对象进行充分认知与准确把握，才能有效地将其运用于具体的设计实践。相关的学科知识包括数学、生物学、电子学、信息论、人机学、心理学、材料学、机械学、美学等；实施对象主要指设计目标物、仿生对象及服务的人与环境等。而仿生设计工作就是将仿生对象的"积极且对应要素"应用或转化为设计目标物的必需和必要属性，以满足特定人及其环境的某项需要。作为人类社会生产活动与自然界的共同产物，它契合了人与自然的守恒定律，促使人类社会发展与自然环境间达成一种特定意义的平衡（形式与意涵）。在产品形态设计中，仿生设计应用的方式、效果与状况如何，往往与设计师的知识深度、广度、经验、灵感及受众用户、环境等因素相关。

图4-31 "飞鲨"快艇设计，采用了鲨鱼的机能、结构与原理设计

2. 仿生设计的分类

从产品形态设计的角度来看，与产品形态设计有关的仿生设计类型有形态仿生、功能仿生、结构仿生和色彩仿生等。

（1）形态仿生

自然界中有各种各样的生物，它们都有自己独特的形态特征，如蝴蝶身上精美的图案、骆驼高高的驼峰、大象长长的鼻子等，这些形态既有区别又有共性，如同科的植物都有根、茎、叶等共同特征，但同样是叶子，在不同的环境中亦有大小的区分。南方地区植物的叶子普遍肥大，这样可以充分吸收阳光和水分；北方地区植物的叶子大多很小，以适应寒冷、干燥的生存环境。作为产品设计人员，只有平时善于观察各种生物的形状特征，才能有目的与针对性地进行形态仿生设计（图4-32）。

根据模仿逼真程度的不同或流派思想的差异，形态仿生设计可分为具象仿生和抽象仿生。其中，具象仿生是一种直接模仿和借鉴对象外在特征的设计形式，以追求设计形态与模仿对象之间的最小差别、外形特征相似为主要目标的设计手法。具象仿生强调的是一目了然的识别与认同感，这种形态能快速感化人的情绪，达到设计目标，多用于玩具、工艺品、简单的日常生活用品设计之中（图4-33）。而作为

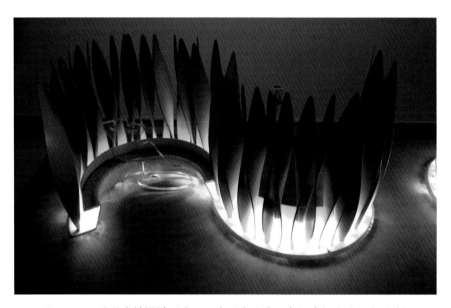

图4-32 公共座椅设计（产品形态源自叶片形态及其机能的仿生设计）

图4-33 喜欢吃电？——胖胖脸灯具设计

另一类形态仿生设计形式，抽象仿生是一种对模仿对象内在神韵或外在形象特征进行提炼、概括的基础上进行模仿与借鉴，强调的是神似，甚至是似与非似之间的微妙把握。与具象仿生相比，抽象仿生的形象往往更能让人的情感置于久久的回味之中，具有概括性、想象性与多样性等特征，是形态仿生设计中最为常见的使用与表现形式（图4-34）。

（2）功能仿生

地球上的各种生物，在上亿万年的进化过程中，拥有一个相对稳定的环境和生物链。地球上任何生物的存在，都具有它特定的功能，而且其进化程度接近完美。人类模仿生物的功能进行改良与创新设计是一种最直观与常见的造物方法（图4-35至图4-37）。

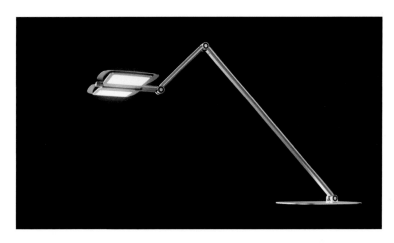

图4-34　雪莱特书写宝
　　　　LED台灯设计
（产品形态来源于展翅飞
翔的蝴蝶，轻盈精致）

图4-35　飞行器设计
（列奥纳多·达·芬奇手稿）

图4-36 莱特兄弟的首次试飞

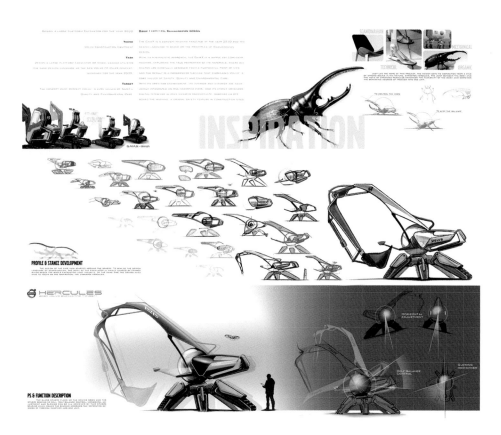

图4-37 沃尔沃仿生概念挖掘机设计

由于功能仿生设计主要是通过研究生物体与自然界物质存在的功能原理，深入分析生物原型的功能、构造以及功能与形态的关系，将其中"积极"的功能因素经整合、提炼，综合呈现于产品的形态设计中，因此，较之形态仿生，功能仿生设计更需要设计者较为系统、广博与深入的知识和理论储备为基础，也更符合仿生学的学科内涵诉求。

（3）结构仿生

自然界中很多生物都具有一个稳定性的结构，这些结构与其形态密切关联，体现为一定的形态客观存在。如一张蜘蛛网、一个蛋壳、一处蜂巢，它们看起来弱小，却能承受巨大的外力，抵御强大的风暴袭击（图4-38、图4-39）。这些巧妙、合理的结构关系正逐渐被人们所认识和利用。在植物界，植物的果实担负着延续种族的任务，亿万年的进化使其果实多呈圆形。小巧的外形使它们能在较小的空间里存储、占有最大体积的营养，同时其形态也能有效抵御外界的各种侵袭（飓风、重压等）。在动物界，辛勤的蜜蜂被称为昆虫世界里的建筑工程师。它们用蜂蜡建筑的蜂巢结构由一个个排列整齐的小六棱柱形蜂房组成，每个小蜂房的底部由三个相同的菱形构成，具有结构稳定、用料省和强度高等优点，人们模仿其结构制成的蜂巢式夹层结构板，该结构板具有强度大、重量轻、不易传导声和热等特点，是建筑及制造航天飞机、宇宙飞船、人造卫星等理想的材料（图4-40、图4-41）。

结构仿生主要研究生物体和自然界物质的内部结构原理在设计中的应用问题。结构仿生设计是通过研究生物整体或部分的构造组织方式，发现其与产品的潜在关联性，然后再对其进行模仿与借鉴。在实际工作中，结构仿生设计研究最多的是植物的茎、叶，以及动物形体、肌肉、骨骼的结构等。因为结构仿生是针对对象结构原理上的仿生，其仿生借鉴的主要是对象的内在特征，所以它对产品外在形态特征的作用有时非常显著，有时却又不是十分明确（图4-42至图4-44）。

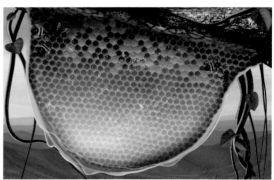

图4-38 蜘蛛网   图4-39 蜂巢

图4-40　航天器设计（1）

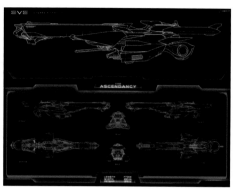

图4-41　航天器设计（2）

图4-42　野外工作站设计（1）

（细胞结构仿生）

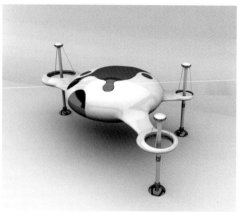

图4-43　野外工作站设计（2）

（细胞结构仿生）

图4-44　海滨自行车停放系统设计

（产品形态的设计灵感来源于鱼骨、珊瑚等生物的形态及其机能）

图4-45 桌椅组合设计

图4-46 空气净化器设计，源自对"蒲公英"
等生物的仿生设计，不同的色彩、肌理传达
不同的设计取向

图4-47 空气净化器色彩、肌理设计（1）

（4）色彩仿生

色彩是人感觉最快的信号之一，它能迅速唤起人的各种情绪和情感，甚至影响人们的正常生理感受。色彩也是最为抽象的语言，人们无法用自己的语言准确地描述某个色彩的特性和信息。在产品形态设计中，色彩不仅具备审美性和装饰性，还具备象征性的符号意义（图4-45）。作为首要的审美要素，色彩能够最大限度的影响、左右人们的视觉感受与心理情趣。对于产品形态，赋予色彩的形态才是相对完整、生动的整体，是设计形态架构必需依托的重要构成部分。

自然界中存在着千姿百态的色彩组合形式。在长期的生活实践中，人们已经熟悉了周围环境的色彩关系，形成了相对稳定、和谐的色彩构成认知。色彩仿生设计就是将自然界生物进化形成的色彩（肌理）认知，运用于产品形态设计之中，从而使设计工作达到事半功倍的效果（图4-46至图4-48）。

图4-48 空气净化器色彩、肌理设计（2）

4.2.3 仿生学与产品形态设计

（1）仿生学能够从科学、理性的角度为产品形态设计提供形态素材与依据，激发设计灵感，是产品形态设计的重要方法之一。

大自然孕育了万物，也包括人类自身。天生万物，各得其法。根据达尔文的物种进化论观点，自然界中的万物之所以能够生存、繁衍、生息是"物竞天择、适者生存"（《天演论》）法则的体现。其中，各个物种具有的合理、科学与优化的形态属性，是其得以生存、发展的重要构成因素。产品是人为的"第二自然"，它同样适用于这一法则。师法自然，大自然数以万计的生物形态是设计师取之不尽、用之不竭的素材资源与灵感源泉，设计师应在发挥主观能动性的基础上，充分、合理地汲取与借鉴生物形态蕴含的积极因素，将其有效地整合、融入"第二自然"的形态设计之中，使产品形态拥有来自"第一自然"的"优秀基因"，进而提升产品"生存"的可能性。

仿生学设计是在发挥设计能动性的基础上，通过研考与借鉴仿生对象的机能特点与形态特征，以此来启发设计构思，进行再创作的造型方法。1505年列奥纳多·达·芬奇曾模仿蝙蝠的构造，创想、绘制了飞行器的设计草图，后经400余年的演进，美国的莱特兄弟借助前人的经验，终于圆了人类飞上蓝天的梦想。德国著名的设计大师卢吉·科拉尼依据仿生学原理设计了大量的交通工具与其他产品，更是把仿生学设计提高到了新境界，形成了独特的形态造型风格，至今不衰（图4-49至图4-51）。

图4-49 卡车设计（德国著名的设计大师卢吉·科拉尼设计）

图4-50　跑车设计（德国著名的设计大师卢吉·科拉尼设计）

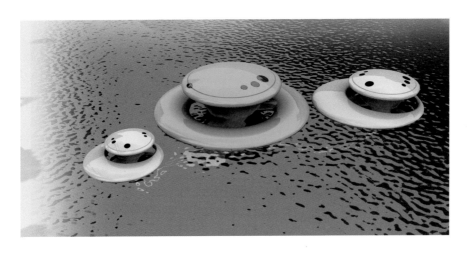

图4-51　"浮萍"水面音响设计

（2）仿生学研究生物系统结构与性质的学科内容为产品形态设计提供了坚实的工程原理与可靠的科学技术，是产品形态设计得以构想、架构、实施的有力理论支持和实践保障。

列奥纳多·达·芬奇写道："人类的灵性将会创设出多样的发明来，但是并不能使得这些发明更美妙、更简洁、更明朗，因为自然的物产都是恰到好处的。"大量的设计实践表明，设计的理念与构想往往来自自然界。仿生学对设计的价值与意义并非仅仅停留于对自然的简单模仿，而是透过自然表象探究系统背后的机制，即生物工程技术与工作原理，并以此为依托，为设计及其形态的创想、架构与实施开拓一片广阔的领域，达成造福、回馈人类这一目的（图4-52、图4-53）。

图4-52 蝙蝠捕食与雷达

图4-53 AIM-9"响尾蛇"空对空导弹

　　没有理论与技术支持的设计，只能停留于概念与设想阶段，而不具有现实意义。仿生学研究形成的生物工程技术不但激发了设计师的设计灵感，也为相关设计的物化（形态设计）提供了可靠的技术铺垫与必要的实践保障。

　　（3）仿生学在产品形态设计中的运用能够提升设计融入自然系统的可能性，增加产品与自然间的亲和力，体现出设计师对自然的尊重与理解，建立起"绿色、生态、系统"的设计思想。

　　依据仿生学设计的一个最大特点与优势在于设计作品的自然亲和力。产品是设计师创造的"第二自然"。依循设计系统论，人为创造的"第二自然"应与"第一自然"取得某种协调与统一，有效地融入"第一自然"，才能实现人与自然生态系统的和谐、共存与发展。在产品形态设计中，由于仿生对象的自然属性，使得设计形态必然或多或少地映射出自然的"身影"，同"第一自然"存在着千丝万缕的联系，进而在客观上增加了设计形态融入自然的可能性（图4-54、图4-55）。同时，设计作品是设计师内心世界的展示，运用仿生学设计也会体现出设计师对所处自然的理解和尊重，是设计师热爱自然、热爱生活的最好诠释。设计师的职责不是去单纯地改造自然，而是力图通过设计来营造与创建更加和谐、完美、健康、发展的自然。

图4-54　甲壳虫汽车

（驾驶着甲壳虫汽车行驶于原野小路，人们感受到的不仅是汽车带来的出行便利与生活乐趣，更有人与自然和谐共存给予的惬意与满足）

图4-55　协和式客机

（协和式客机翱翔于蓝天，你不会感到它是周遭的外来客，飞鸟一般的造型，使其能够与蓝天、白云有机地融为一体，丝毫没有"钢铁"带来的违和感）

运用仿生学设计，无形之中为设计师找到了一把开启周围世界的钥匙，为设计打开了一个更为广阔、更具发展的空间——自然空间，拉近了人工产品与客观自然的距离（图4-56）。

（4）运用仿生学进行设计，有助于设计师"借景生情，借物咏志"，为产品形态赋予更多的精神与文化内涵，从而产生丰富多彩的个性化设计与趣味化设计（图4-57）。

自然界的万物千姿百态、变化万千，是我们取之不尽的灵感源泉，除了形态、机能等物质素材外，更有着蕴含深刻的哲理与真谛。种子的破土发芽——新生命的开始，向日葵的向光性——时间的流逝，萤火虫尾部的光——黑暗中的光明，猎豹的飞奔——速度的展示……自然界万物的这一切表现都为设计师设计思想的传示找到了物的载体，借景生情，借物咏志，以此来抒发自己赋予设计的情感、见解、观念和主旨。

图4-56　"蝶之舞"坐具设计

1994年，亚历山德罗·门迪尼设计的"ANNA G"瓶塞钻，其产品造型宛如一位翩翩起舞的长裙女子，造型优美，活泼生动。此产品造型把美酒同女子起舞联系在一起，可谓匠心独具，富有浪漫色彩。同样，迈克尔·格雷夫斯（Michael Graves）设计的水壶"9093"，这件20世纪80年代中后期的后现代标志性作品，鸟形的报警哨子设计赋予该作品"会唱歌"的美名。对鸟儿的仿生设计使作品倍

图4-57　起亚汽车设计
（格栅的造型采用了仿生学设计，
远看犹如一张咆哮的虎口）

添几分生机、几分趣味和几分内涵，设计师的设计理念借助仿生对象的特定含义与形象象征意义加以诠释，一年卖出4万多件，足见大众对它的认可。

4.2.4　仿生设计的"度"

当然仿生学在产品形态设计的运用也有个"度"的问题，存在着适宜的方式、方法，以近似原则性的思想为指导，绝不是不分对象、不分目的的信手拈来之作。

（1）仿生学在产品形态设计中的运用，把握、探究仿生对象的生物系统原理是实施的基础，发挥设计师的设计能动作用是解决问题的关键。

产品形态设计是一项庞杂的系统工程，设计理念是产品形态设计的核心内容，它决定着设计形态的属性、方向与结果。产品设计理念的核心地位决定了无论是社会科学还是自然科学，对于形态设计而言，都应以设计理念为指针，服务于设计，为设计

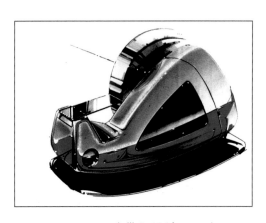

图 4 – 58　胶带器设计，源自"蜗牛"的生理与结构特点

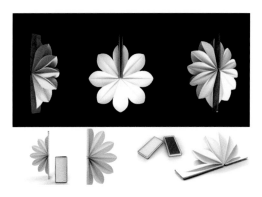

图 4 – 59　太阳花 LED 概念灯设计

"所用"。但是，这种"所用"绝不是简单的拿来主义，更不是形而上学地机械照搬与挪用。就仿生学设计而言，我们应以提炼、扩展、升华的态度来正确面对与处理仿生学与设计形态的关系，源于自然而高于自然，这与仿生学学科的研究目的（理解、构建生物系统的工作原理，以实现特定功能为中心目的）是一致的。在产品设计形态架构中，发挥设计师的主观能动性，创造性地运用仿生学的科学理论解决问题，才是仿生学设计应秉持的原则（图4 - 58、图4 - 59）。

事实上，单纯地复制生物机能往往会导致平庸、惨不忍睹的设计作品。想想人类设计、制造飞行器方面的种种失败经历。怀特兄弟的成功在于，他们并不是简单地模仿鸟类的姿态，而是考察了鸟儿在升降和滑翔时的气动力关系之后，才将其转化到有着固定机翼的飞机上。同样，模仿鱼类在水中自由沉浮而设计的潜水艇，也并不是照搬鱼类的鱼漂，在潜艇内安置一个气囊，而是利用鱼类沉浮的原理设计了给、排水系统来实现潜水艇"水中畅游"的构想（图4 - 60）。问题的关键在于设计师必须理解、体会仿生对象生物系统原理的实质。

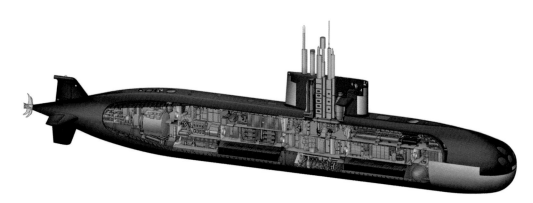

图4－60　俄罗斯拉达级潜艇剖面图

仿生学设计的根本目标不在于照搬与复制仿生对象的每一个细节，而在于在深刻理解仿生对象工作原理的基础上，通过评定其机能属性、适应方式和自我更新手段等，对生物系统中的优越结构和特有机能加以综合考量，发挥设计的能动作用，为我所用，进而架构在某些性能上更优于仿生对象的人造物（图4-61）。

图4-61　景观设计，源自"树"的结构与属性的仿生设计

（2）在仿生学的运用上，设计对象与仿生对象之间应具有某种内在或外在的相关性与互动性，符合人们的认知心理与生活经验，师法得体。

对于仿生学的运用，从模仿生物的外在形态，到借鉴生物的内在机能，这种模仿、借鉴的可行性与合理性的前提与基础是人们对于某种生物的既有认知。人类的认知行为具有惯性的特征。人们常会将最初或先前形成的某种事物的概念或经验，潜意识地用于与之相关事物的认识上，以既有的认知来判断、解读与之相关的新事物（第一次接触到）（图4-62）。把仿生学运用于产品形态设计，设计师必须理解、关注人类的这种认知规律，慎重地、有选择性地面对仿生对象，把握、处理好设计对象与仿生对象之间的关系，师法有据，师法有理，避免产生设计歧义，甚至是阴差阳错。

图4-62　"根"净水器设计

同时，就学科间的关系而言，打破学科间的鸿沟界限，互为补充、互为所用是现代科学走向学科系统化、体系化的一个重要表征。但学科间的借鉴、补足应是以学科的关联性与互动性为前提，需以一定的"共性""共识"为基础，仿生学与设计学科间的关系也不例外。

在中国的一些城市里，许多"动物造型"的垃圾箱设计就很令人费解。被誉为国宝的大熊猫，外形憨态可掬。人们对它的认知是国宝、珍稀，与之相关的事物是竹子、生态等。而将其同垃圾"并置"，无论在感情上，还是认识上，都很难令人接受，又怎么忍心将"垃圾、废物"倾倒入它的口中。与此相对，美洲虎给予人的认知是速度与野性，模仿其生态特点设计的美洲虎汽车自然会让人联想到该款汽车的属性——高速与狂放（图4-63）。还有日本GK工业设计事务所为山叶公司设计的模仿"奔牛"形态的摩托车（图4-64），菲利普·斯塔克设计的模仿"章鱼"形态的榨汁机等。这些设计作品成功的关键在于，设计师准确地把握了设计对象与仿生对象间的相关性与互动性因素，符合人们的认知心理与生活经验，进而易于被大众所理解和接受，成为优秀设计的典范。

图4-63　美洲虎概念车

图4-64　摩托车设计

（日本GK工业设计事务所作品）

（3）在产品形态设计中，仿生学的运用需兼顾到"人的差异性"因素。对于同一事物，人们认识上的差异性是仿生学运用是否恰当、合理、合情的不可忽视的重要方面。

生活地域、民族、宗教、文化背景、历史时代等诸多因素决定和左右着人们的世界观、人生观和价值观，映射、反馈于人类对具体事物的认识上也会存在些许差异。

在东方的中国，"龙"被作为"图腾"而得到膜拜、信奉和崇敬。封建社会的最高权力者"皇帝"称自己为"真龙天子"，具有不可撼动的"天授神权"地位。因此，在古代中国，"龙"的图案、造型或模仿"龙"形的器物都被视作皇权与地位的象征，容不得半点的诋毁和不敬之举（图4-65）。而在古埃及，被崇拜和信奉的"图腾"则是"太阳"。最高权力者"法老"称自己为"太阳神"之子。对于古埃及人，"太阳"的象征性与特殊性使得具有"太阳"属性的图案与器物造型存在着与东方相似的情形，得到了统治者的严格"维护"和极力"占有"（图4-66）。

图4-65 故宫九龙壁

因此，产品设计师将仿生学运用于产品形态设计，不能也不应该单纯、理想化地仅从设计师本人的设计理念与生物机能的特质出发，要因地制宜、因人而异，充分了解设计服务对象所处的地域和心理等因素，把握因此而导致的人对于具体事物认识上的差异性，恰当、合理地选择仿生对象，提升设计工作的针对性。设计形态的架构不是设计师单纯的个体行为，而是一种充分考量设计对象诉求的创新性行为，这既是确保设计作品得以被理解、接纳的重要因素，也是设计师的职责之一（图4-67）。

科普作家杰宁·贝那斯在她的著作《仿生学》中写道："和工业革命不同，仿生学革命带来的不是一个我们从自然界中攫取什么的时代，而是我们从自然界中学习什么

图4-66 埃及代表太阳神的狮身羊面像

图4-67 "休闲自然"庭院座椅设计

（以螳螂、花卉等生物为原型的形态仿生设计）

的时代。"随着人类对仿生学研究的不断深入与发展，作为对产品设计作用与影响较大的一门学科，它带给产品形态设计的将会是更为广阔的思维空间、更为深刻的设计内涵，同样也会带给人类更多的机遇与精彩（图4－68）。

图4－68　"蜈蚣"趣味椅

4.3　功能分析设计法

　　人的需求是推动产品及其设计发展的动力。就有形的产品而言，产品形态是产品功能的可视表象与实施载体，产品功能是其形态得以构成的内在动因与价值依托，是产品形态存在的必要基础与先决条件；而就产品形态设计论之，产品形态设计是将产品满足人的需求信息的视觉化活动，是产品应具有的作用、价值等核心要素的物质化呈现。因此，在产品设计领域，产品的功能与形态存在着密不可分的关联性。相对全面地剖析、认知产品设计中功能与形态的内涵，科学地厘清、架构二者之间的关系，对于有效地进行产品形态设计，其价值与作用无疑是显著的。

4.3.1　产品功能的认知

　　产品功能的概念并不是单一的。格罗皮乌斯（图4－69）曾经指出："为了设计出一个物品——一个容器、一把椅子或一座房子——使它发挥正常的功能，首先就要研究它的本质，因为它要用于实现自身的目的，也就是说，实际地完成它的各种功能，适用、经济而且美观。"由此可见，在现代设计思想体系中，产品功能的内涵是丰富的、复杂的，也是多视角与综合性的，它不仅包括了适用于某种目的使用属性，更是囊括了经济的考量及审美的需求等因素于其中。产品是应人的需求、欲求存在的，而需求与欲求的满足必然诉求产品拥有与之对应的特定功能。因此，对于产品功能的分析与认知须以人的需求为着眼点。根据美国心理学家马斯洛（图4－70）的人的需求层次理论，人的需求可划分为生理、安全、归属与爱、尊重和自我实现等五个层次。就产品而言，各种属性、类别与特质的产品会以不同的功能、形式及取向为人类各异的层次需求提供着"答案"。设计美学家徐恒醇先生指出："我们可以依循产品功能对应的人的需求，将产品的功能划分为实用的、认知的和审美的（即功能三分法），这种划分反映出产品的功能与人的不同需求之间存在的关联，人需求的多样性，决定了产品功能效用的多层次性。"

依循徐恒醇先生的功能三分法，产品的实用功能是产品能为使用者提供的最基本效用、利益和价值，是产品功能的核心内容，包括了产品的特性、可靠性、安全性、经济性等，是满足人们对该产品基本需要的部分。比如，汽车的代步功能，冰箱的保鲜功能，空调的控温功能等。产品实用功能指向的是人类较为初级的自然与

图4－69 瓦尔特·格罗皮乌斯（Walter Gropius）1883年5月18日生于德国柏林，是德国现代建筑师和建筑教育家，现代主义建筑学派的倡导人和奠基人之一，公立包豪斯（BAUHAUS）学校的创办人

图4－70 亚伯拉罕·马斯洛（Abraham H.Maslow）1908—1970，美国著名社会心理学家，第三代心理学的开创者，提出了融合精神分析心理学和行为主义心理学的人本主义心理学，其中融合了其美学思想

143

生物需求，是产品得以存在的"硬性指标"。而基于符号认知理论，产品的认知功能则是指产品具有引导、指示人们高效地获得产品提供的实用功能，并能够进一步了解、掌握实用功能与他物的关系、发展动力、发展方向及基本规律的能力。产品的认知功能与人的思维加工、储存、提取及运用信息等能力相关，产品使用者个人的思想修为、教育程度、生活阅历及产品的使用环境等因素是影响与左右产品认知功能"效率"的构成要素。比如，某一电器设备按键的不同色彩设计在提高操作可靠性、抗干扰性，提升使用效率的同时，亦可让人获得该类设备的内部构造、性能特质等信息，进而推演与实践其他设备相关的使用方法。产品的认知功能满足的是人类较为中级的需求，是促成产品实用功能有效实施、形成拓展功能的途径与策略。同时，追求高品质是一种生活态度（图4-71）。著名哲学家张世英说："人生有四种境界：欲求境界、求知境界、道德境界和审美境界。"产品的审美功能正是应这种境界追求而出现

图4-71 空气调节器
（别人是一鸡多吃，该设计是一机多用）

的。产品的审美功能是利用产品的特有形态来表达产品的不同美学特征及价值取向，让使用者从内心情感上与产品取得一致和共鸣的功能。由于人的情感是审美判断的中介，而人的情感意涵又是丰富的，包括美感、善感、真感等诸多态度体验。因此，我们可以将产品的审美功能拓展地理解为产品具有的情感功能。不同于产品的实用与认知功能，产品的情感功能诉诸使用者的感性直观，具有一定程度的超越直接功利性的特点。比如人们对服装的需求，今天的人们已不仅仅将其视为御寒遮体的产品，美观大方、做工考究、式样别致等能反映自身个性的设计以及追求品牌等日渐成为消费者的主导心理需求。

产品功能是产品总体的功效或用途。产品功能的多层性决定了任何产品都是功能的复合体。其中，产品的实用功能是基础性的，是产品赖以存在的"硬条件"；认知功能是在与实用功能的关联中产生的，它既是良好实用功能达成的条件，也是实用功能有效拓展的途径；而情感功能则是建立在与实用功能相关联的合目的性和与认知功能相关联的合规律性的基础上，它依附于产品的实体，又会超然于实体之上，是产品实用与认知等功能的延伸。产品功能的多层性揭示：产品功能是由内涵各异的子功能构成，各子功能并非平等的关系，而是以比例与权重的状态呈现的。我们可视各层次功能在产品中所占的额度，将产品界定为功能型产品、符号型产品

与情感型产品等。值得注意的是，无论是何种类型的产品，以符号认知功能为先导、以实用功能为取向和依托、以情感功能为表现手段和精神追求的原则是一致的（图4-72）。

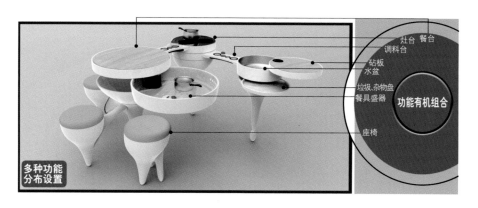

图4-72　"根系"厨具组合设计

4.3.2　实用功能的基点

作为产品重要的基本属性，良好的实用功能是产品形态设计必需优先予以满足的诉求。首先，产品的实用功能能够界定、规范着产品形态的基本架构和整体态势，是产品形态设计重要的内在依托与动因之一。美国芝加哥建筑学派建筑师沙利文在建筑学领域中率先提出了"形式依随功能"的观点。他认为，不仅仅是形式表现着功能，更为重要的是功能创造或组织了形式。落实于具体的设计实践，对于园艺剪刀、车床等以强调实用功能为主的产品，其形态构建多以结构的科学、合理与功能的完善和优化为着眼点，以功能特征的实现为取向，不过分地追求形式感，大量地表现出偏向于理性和结构外露的特点，并且产品功能与其形态有着较为明确的对应与指向关系（图4-73）。

图4-73　园艺剪设计

145

其次，产品是一个物质系统。根据系统论观点，产品的功能是由组成产品系统各要素的结构决定的，即有什么样的结构便产生什么样的功能，而结构的外在表现是形式。基于此，产品形态对于其实用功能诉求满足是建立在结构与功能关联属性的基础上，侧重的是以客观角度（结构与功能）去选择产品的形态，着重的是产品形态对于功能的执行能力，标明的是产品形态的基本属性——做什么事，是产品形态构建必须充分满足的基础条件。需要注意的是，产品的实用功能与其形态之间不存在严格的指向关系，呈现在我们视野中具有特定实用功能的产品形态并没有表现出相同或相近的状态，而是以"同功似形"的状态出现。以二者的关系析之，"形式依随功能"的观点明显存在着两方面的问题：一方面，不仅与功能相关的因素影响对形式的选择，而且与产品生产相关的（材料工艺）因素也会影响对形式的选择；另一方面，正如上面功能概念的剖析，产品功能的内涵并非单一的，它具有不同的层次和内容。当我们以实用价值为参照系来架构产品形态的时候，"形式依随功能"的认知体现就会越发显著，但是这种"依随"也只是表现在主导、遵循等作用与效应层面，"同功似形"现象便是这种"依随"关系的具体表征（图4-74）。对此，德意志产业联盟的创始人赫尔曼·穆特修斯认为："物体为目的服务并且表现在适应目的和素材的方法中，这种观点显然是不全面的。物体必须将其服务和结构有考虑地表现在直观形象上。"

图4-74 美洲虎概念车的方向盘设计突破了"圆"的传统认知

图4-75 德国设计大师理查德·萨博运用杠杆平衡原理设计的阿特米德台灯

同时，产品是运用自然规律所完成的技术创造，产品的实用功能虽由人的需求为导因，却以科技为基础。因此，以实用功能为价值取向的产品，其形态在满足、对应特定人的需求的同时，必然在观感上呈现出科技的"存在"。换言之，功能型产品的形态架构往往会采用具有科技意涵的"语言"，彰显的是科技对于产品属性、特征的价值与界定，形成的是产品形态的技术美（图4-75）。

4.3.3 认知功能的依循

基于产品认知功能的需求，产品形态的构建是着眼于从主客体互动的视角规划与研判产品形态的架构方式与构成原则，阐明的是产品的使用方法问题，即如何做事，以达成产品实用功能实施的宜人性和其良性行为导向的目标，强调的是产品形态的"产出比"（形态诠释功能的效率），是产品形态设计需要高度关注的充要条件。产品的认知功能包含了认知与被认知的主客体双重属性。产品的认知功能是指主体人通过产品的使用，经心理活动处理，能够形成与之相关的概念、知觉、判断或想象等信息，并以之指导、规范主体人的拓展性行为方式；而产品的被认知功能则是指产品能够依托其造型、声音与肌理等外部因素，通过人的视觉、听觉与触觉而获得、感知产品相关属性与特质的能力。从发生学的角度看，产品的被认知功能通常会位于其认知功能之前，而源于产品形态呈现的各种外部信息则是产品被认知功能高效达成的关键要素，更是产品认知功能得以有效展开的先决条件。因此，具有良好认知属性与特征的产品形态是确保产品能够被接纳、认可并形成有益拓展效应的重要途径与手段（图4-76）。

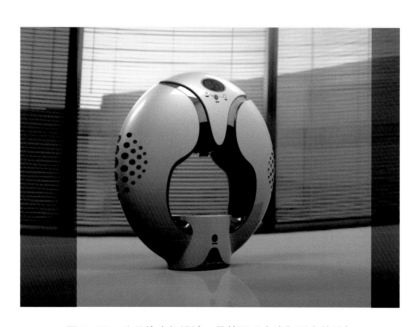

图4-76 公共饮水机设计，是基于"水滴"形态的认知

基于产品认知功能的考量，产品语义的有效架构是产品形态设计的主要立脚点和着眼点。首先，根据产品语义学，使用者将产品的理解划分为四个阶段，即产品辨明阶段、自我验证阶段、发现新形式阶段与解读符号语意阶段。其中，产品辨明与自我

图4-77 斯洛文尼亚设计师马萨里克采用模块化设计的卢布尔雅那椅，整把椅子的形态由两种简单的模块单元构成，使用者可以通过不同数量的单元组合，拼出各式规格的座椅，从而满足了不同的空间需求，是产品形态具有优秀认知功能的佳作之一

验证阶段体现的是产品被认知的功能属性及其内涵诉求。在这两个阶段中，产品形态的架构着重考虑：如何以简明的形式语言有效地阐释产品的内在功效、构建契合功效诉求的外在视觉表征、强化不同功能属性的形式差异、整合相近或相关功效结构的造型表象、营造符合人认知能力与要求的符号信息等。产品形态设计的阶段性目标在于产品的自明性，即产品能够依托其形态，以富于特质性、宜人性的语言，充分、有效地说明自身，最大限度地消除"创意"带来的陌生感、距离感，提升亲和力。如微软公司推出的视窗界面设计，尽管处于不断地升级、换代中，可绝大多数客户都能很快地"上手"，并能正常地使用。对于产品理解的其他两个阶段，发现新形式和解读符号语意阶段则属于产品认知功能的诠释与彰显层面。在这两个阶段中，产品使用者的主观能动性起到了关键性作用。"举一隅不以三隅反，则不复也。"为成功地促成产品认知功能的实现，产品形态应在"自明性"的基础上，更多地关注产品使用者的参与意识、创造能力与自我实现愿望等潜在诉求的引领、激发和唤起，新、奇、特是其形态语言需具备的特质与取向，人性化与象征性应成为产品形态设计的主要着力点和追求目标（图4-77）。

其次，作为产品的认知功能，在发现新形式与解读符号语意两个阶段的基础上，产品形态还具有引导、规范使用者拓展行为方式的能力。行为方式是人行为模式的具体表现，是特定人群整体思想状态、文化素质与生活习惯等因素的观照。能够有效满足人们行为需求的产品，其形态必然与人的某种行为模式相契合，并以一定的行为方式呈现出来；同时，产品亦可依托其形态的指向性、导引性及由此形成的功能实施方式，在潜移默化中修正、重塑了人们的行为方式，进而达成人的"新"行为习惯和模式。人们选择了一件产品就是选择一种行为方式。以汽车的选择为例，在排除个人经济与好恶等前提下，用户选择紧凑型，便意味着经济的出行；选择跑车型，追求的是高速的驰骋；而选择SUV，适应的则是多用途的诉求。作为构成产品必要因素的产品形态，必然随着行为方式的选择而被连带取用。"形随行"的产品造型观是美国艾奥瓦大学教授胡宏述先生提出的，他在强调产品功能的同时更进一步强调了以用户为中心的人机交互设计。即人的行为方式在左右、遴选着产品形态架构，为其提供实施依据与价值取向的同时，产品形态也会通过人机交互的途径指导、界定着人的行为方式。因此，产品的形态与人们的行为方式存在着一定程度的对应与因果关系。

4.3.4　情感功能的契合

相由心生，境随心转。产品形态作为产品的"相"和"境"，与设计者和使用者的心理情感存在着密切的关联。设计者的情感可以通过产品形态这个管道与方式得到物质化的彰显，而使用者亦可通过产品形态的选择昭示自己的情感诉求。人的情感与产品形态设计的互动关系，决定了以契合产品情感功能诉求为目标的产品形态架构会不同程度地呈现出不同于其他功能诉求的特质与状态。在以产品情感功能诉求达成为主旨的产品形态设计中，设计是以人与物的情感交流为目的，是设计师通过对产品的颜色、材质、点、线、面等元素进行规划、整合，使产品可以通过质地、形式等外在信息影响人的触觉、视觉，从而使人产生体验与联想，达到人与物的沟通、共鸣的目标，呈现的是产品形态个性化、戏剧化与趣味化的表征。不同于以理性思维为主导的实用型产品，亦区别于理性与感性思维兼顾的认知型产品，该类型产品强调的是人类感性思维在形态创设上的别出心裁与信手拈来，更多彰显的是人作为产品系统中的主体地位，明晰的是产品形态的感受效应，即做事体验，是达成产品形态独创性与文化性的有效途径与手段，是产品形态设计目标得以实现的充要条件（图4-78）。

图4-78　狂野奔放、色彩斑斓的藤条家具，让每一天的生活都热情洋溢

首先，依据人的需求层次理论，基于产品情感功能诉求的产品形态设计既是设计者个人设计思想、理念等以认知、审美与自我实现为源点的创造性行为，亦是产品使用者个人情感以归属与尊重为取向的答复性活动。针对特定的产品形态，若二者在内容与形式上取得一定的交集或相对的一致，便形成了所谓的情感契合与共鸣。而无论是以哪一方为基点，这种产品形态必然具有个性化的属性特征（图4-79）。其次，情感是人对客观事物是否满足自己的需要而产生的态度体验。而产品使用者体验的形成与其生活阅历、惯性认知等因素相关。当产品形态经过设计的"艺术加工"，与人的既有"记忆"发生契合或冲突时，体验便会戏剧化地出现。因此，富于情感功能的产品形态往往都具有触发人产生体验的"动情点"。同时，基于对情感和设计的科学研究，设计家帕特里克·乔丹指出："充满情趣的形态是形成人愉悦情感的重要动因之一。"因此，契合产品情感功能诉求的产品形态也常呈现出趣味化的表征，是产品形成效应的重要手段（图4-80）。

图4-79　格力i尚空调

（当中国风越发地受到人们关注的时候，以格力i尚空调为代表的各式"中式"设计便应运而生）

图4-80　"9091"开水壶

（德国设计师理查德·萨帕的作品。这款水壶的设计要义在于，避开热水沸腾时那千篇一律的声音，这声音源于萨帕对童年时家门前渡船鸣笛的回忆）

正是在这些成功而经典案例的感召与影响下，德国著名的青蛙设计公司提出了"形随情感"的产品形态设计观。这种设计观更强调产品的用户体验，突出用户精神上的感受。公司创始人艾斯林格指出，好的设计是建立在深入理解用户需求与动机基础上的，设计者用自己的技能、经验和直觉将用户的这种需求与动机借助产品的形态等因素表达出来，体现一种诸如尊贵、时尚、前卫或另类等情感诉求。但需要注意的是，在这种形态设计观下可能会出现一个极端，就是过分注重人的心理感受而忽略了产品本身最初的实用价值。这也是依循情感诉求进行产品形态设计需要引起警觉与重视的问题（图4-81）。

产品功能与产品形态设计，二者不是一种单纯的决定关系，而是表现为"随"的态势，是一种非确定的因果关系，存在着一定的互动关联性。就物质设计而言，产品作为一个系统整体，产品功能的多层性决定了仅仅满足实用、认知与情感功能

图4-81 女士打火机设计
（形态源于含苞待放的"玫瑰花蕾"）

需求的产品形态设计不足以全面地达成设计的预期；而任何一个产品形态也不会单一地指向产品的某一项功能。与产品具有的系统性一样，无论是产品形态还是其设计工作，均呈现出庞杂、综合而又彼此联系的属性特质。需要明确的是，产品的功能不仅仅包括实用、认知与情感三个层面，文化、教育、交流、社会等功能也囊括其中，这是由产品的人造物本质决定的。因此，基于功能分析的产品形态设计是复杂的、多层面的与多面向的。

4.4　CMF设计法

产品形态是产品视觉、功能与意涵等综合属性的物态呈现，是有效认知产品、形成概念的重要媒介与必要条件。产品形态设计是设计者依托与凭借形、色、质等视觉语言的创设与架构，将产品的品质、组织、结构等内在本质因素转化为外在表象因素，并使人产生一种独特生理满足和心理感知的过程。在产品形态设计中，产品形、色、质的构建与考量是设计活动的重要内容和主要表征。近代西方设计师在产品设计研究的基础上率先提出将产品的色彩（Color）、材料（Material）及表面处理工艺（Finish）三者相结合的CMF研究，并将其从传统产品设计模式中剥离出来进行深入的研究。CMF设计作用于设计对象，并联系、互动于设计对象和使用者之间的深层感性部分，是产品形态设计领域重要的方法与策略之一。作为产品形态设计的一种维度与方法论，CMF设计必然赋予产品形态设计以新的意涵与形式，具有富于特质的思维模式与价值取向。

4.4.1　维度与视角

作为产品的物化形式，产品形态一直以来就是产品设计工作的核心与要点。产品形态既是设计者设计思想、理念的外在显现与主要载体，也是用户品评产品设计优劣的主要着眼点。既有产品的迭代更替，又有全新产品的粉墨登场，产品形态均是其重要的指标与依据。作为一个由诸多要素构成的系统，产品形态不是形、色、质等某一要素的孑然自立，而是表现为各要素的"合力之效"，用户对于产品形态的认知也多源于产品的整体观感。由系统与要素的辩证关系析之，构成产品形态的形、色、质等任何一个要素的变动，均会引发用户整体认知与体验的差异。设计者可据此通过产品形态系统中某一或几项要素的"设计"，实现新形态特定意义上的构建，继而达成新设计的需要（图 4 - 82）。因此，CMF 设计虽是针对产品形态的色彩、材料及表面处理工艺等进行的"要素性设计"，但其却不失为一种创设产品新形态，达成产品新设计切实可行的途径、策略与方式。

图 4 - 82　Nike 公司采用了一种名为 Flyknit 线的新型材料和编织工艺，极大改善了鞋的弹性、强度及透气性，多款新型球鞋、慢跑鞋的设计随即应运而生，并获得成功

同时，作为率先提出 CMF 概念的欧洲设计师，其初衷与目的是在于通过产品的 CMF 设计，既能为消费者创造不同的价值体验，又能达到延长其生命周期的目的（图 4 - 83）。根据体验设计的学理，设计

图 4 - 83　不同色彩的天鹅椅，满足了不同的用户需求

提供与达成的体验应是用户在大脑记忆中业已留有深刻印象，并使其可以随时回想起曾经亲身感受过的生命历程。基于CMF的产品形态设计，因"共享"了能够唤起用户"深刻印象"与"生命历程"的"偏爱的色""熟知的形"等要素，使用户既有的认知得到了某种程度的"回馈"与"附和"，引导用户自觉融入、参与设计之中，进而达成了美好体验的诉求。基于CMF维度的产品形态设计正是巧妙地"利用"了体验产生的机理与条件，以CMF作为产品形态形成体验的"动情点"和"故事情节"，通过看似产品形态"细枝末节"的局部性改善、更新，实现的却是新设计的呈现与体验的满足，诠释的是以小见大、以点带面的设计策略和实施方式，产品形态CMF设计的价值与效应之一也便在于此。

　　有一种现象值得重视：作为产品形态设计的一种维度，CMF设计的对象往往是"既有产品"或产品已具有相对确定的形，是在一定产品"形"的基础、前提下，产品形态实现"新生"的一种策略与途径，其价值与效用在于"同一演员分饰不同角色"的华丽转身、重装上阵。CMF设计的这种维度既可解读为用户体验达成的因由使然，亦取决于CMF设计的工作机理与实践内容。在设计实践中，色彩设计是相对主观与感性的，设计者既可依据设计理念的需要，以第一人称视角进行"择取"，也可以第三人称为切入，凭借具有一定共识的色彩认知与心理的因人、因事、因时"设置"（图4-84）。而新材料与工艺的设计则相对客观与理性，设计者往往是以产品的某项效能为基点，以某种新材料与工艺的特质属性为动因，以更为契合或优化的设计产出比为取向。需要关注的是，相较于C设计，MF设计常常更具创造性、变革性，也更易促发与实现产品形态的重大嬗变（图4-85）。

图4-84　豹2型坦克（沙漠迷彩）

图4-85 采用记忆金属制作的眼镜，满足了"韧性弯曲"需要

4.4.2 原理与应用

1. 理论基础

依循一般系统论，产品形态设计是一项由形、色、质等要素或子系统设计构成的系统设计。一项相对完整的产品形态设计必然涵盖产品的CMF设计，产品形态的CMF设计既是产品形态构成所必需的基础性工作，更是产品形态具有创造性、有机性与整体性的必要条件和关键环节。作为产品形态设计系统的构成要素，CMF设计是不能脱离其他构成要素设计"形而上"般的存在，其表征与价值必然服务于产品形态设计的总体理念与目标诉求，置于设计活动的整体圈囿之中，践行的是"整体与部分"的哲学原理。

古希腊哲学家亚里士多德曾言："整体大于它的各部分总和。"格式塔心理学家库尔特·考夫卡更是强调：人有一种将他们所看到的东西组织起来的倾向，即"整体大于部分之和"。基于CMF的产品形态设计正是通过产品形态系统中色彩、材料与表面工艺处理等要素的"部分设计"，并将各个"部分设计"进行有机、有效且富于创造性的规划、配置与整合，继而取得1+1＞2的"整体效益"。在现代产品设计实践领域，国际许多大型企业或设计机构都相继成立了专门的造型创意室、结构设计部与CMF研发中心等（图4-86）。目前主流的电脑辅助设计领

图4-86 GAC DESIGN装置模型
（广汽研究院概念与造型设计中心）

域，产品设计软件也常划分为以"形体架构"为主要功能的建模软件（如RHINO、PROE、SolidWorks等）和以"材质编辑"为要务的渲染软件（如KEYSHOT、Cinema 4D等）。这既是一种适应市场与行业发展需要的分工细化，也是产品形态设计工作的系统性使然。其作用与价值在于充分挖掘与发挥每个部门、每项工作的潜能和创造力，以合力之效，共同为产品形态的设计服务，契合的便是"整体大于部分之和"的哲学原理。

需要指出的是，产品形态设计虽可以"分而治之、各个突破"的方式与维度实施，但设计的结果却是以整体态势呈现的。在物质层面，CMF设计是不能脱离产品"形"而机杼一家，均需置于产品"形"的框架内，并在一定程度上依附、服务于产品"形"；在精神层面，CMF设计亦不能游离于"产品形态设计理念"而另辟门户，它应与产品形态其他构成要素的设计溯本同源、同根相生，是同一理念的不同层面"表征"显现。就产品形态设计的整体而言，CMF设计强调与关注的是对产品形态设计全局的补足、增益与修订等"助力效应"。诚如亚里士多德所言："质料和形式是任何事物不可缺少的两种因素，任何事物都是形式和质料的统一。"产品形态是以形、色、质等视觉与触觉的"感官整体"示人的，形、色、质彼此不可分割。在一定意义上，形需要依托色、质方能予以呈现，并被有效地感知；色需要形的"界定、规划"，并落实于质，才富于实效；质则是材料在满足形、色需求基础上的工艺彰显。在具体的CMF设计中，色彩是材料与表面处理工艺相结合的视觉表现，其设计可诠释为材料与特定表面处理工艺的"选择"；材料是构成产品形态的具体物料，材料设计需要关联、依赖于色彩及表面处理工艺的"设定"，才能得到实施并达成设计诉求；表面处理工艺与材料是密不可分的存在，二者是设计目的性和成型匹配性的"观照"，完成的是形态所需的色彩与质感。

2. 应用方法

作为产品的物质存在，产品形态是产品各项属性的表征与物化，它既与产品承载的实用功效存在着映射关系，亦与人的感官认知和情感诉求关联密切。设计美学家徐恒醇先生指出：产品应涵盖实用、认知与审美三个功能层次。作为产品形态有机构成的CMF，其设计亦应有效地回馈这三个功能层次，是各层次功能诉求的具体彰显。

（1）我们不应将产品形态的CMF设计简单理解为色彩、材料与表面处理工艺等表象层面的设计。

作为产品形态构成的必要与有机要素，CMF设计必然与产品诉求的实用功能相关联，且存在着一定的指向关系（图4-87）。需要明确的是，基于CMF的产品形态设计达成的实用功能需要构建在人们既有认知基础上，而这种既有认知形成的认知惯性又常常会"误导"我们的判断，进而产生很多"另类设计"（图4-88）。因此，人的既有认知是CMF设计达成产品实用功能的基础与条件之一。同时，鉴于CMF的科技属性，其"设计成果"亦具备了满足产品实用功能诉求的"硬实力"。例如，运用色彩视认性、诱目性的各类标牌设计；凭据合成树脂可塑性完成的各式曲面家具；采用物理气象沉积镀膜工艺制作的各种户外产品。

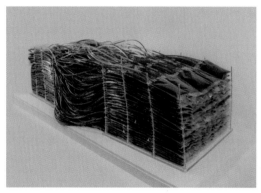

图4-87　咖啡机设计
（橙色的按键示意其"特定功能"的语义）

图4-88　带给我们全新认知的"鲜血"座椅

（2）依循认知心理学，人们对于产品形态的认知是以视觉、触觉等感官信息为源起，经过头脑的加工处理，以功效为圭臬，转换为内在的心理活动，进而支配人的行为，形成产品形态"好恶"的价值界定。

对用户而言，来自产品形态的CMF等感官信息是处于认知过程的起始阶段，是决定设计信息能否被接纳、编码与其他心理过程是否如期展开的关键要素；对于设计者而言，创设契合或高于用户既有CMF认知的产品形态，则是衡量设计活动成败的要点之一。爱美之心，人皆有之；尚美之道，千古之风。人们惯常乐见与亲近于"美"的事物。根据徐恒醇先生的审美范畴论，CMF设计可纳入设计的形式美、技术美、功能美、艺术美与生态美等层面予以考量、研判。基于CMF的产品形态设计正是通过色彩、材料及表面处理工艺等产品形态个别要素"美"的创设，达成产品形态整体"美"的架构，并以此推动用户的认知进程，提升用户的认知效应，实现用户的认知心理诉求。美国设计评论家约翰·赫斯克科特说过："设计过程的结果，即最终产物，不应该成为研究和理解设计的中心问题，而应该被看作是设计师的意向与用户需求和感受之间的相互作用。"依据这一论述，设计者应将产品的形式、色彩、肌理及功效等作为设计"意向"诠释与架构"美"的着眼点与中介，而CMF设计无疑是其中的重要构成与对象。当下，产品的技术同质化现象严重，CMF设计越发成为产品传达特质信息的重要推手与形成差异化的主要途径（图4-89）。

图4-89 宝马采用织物材料设计的"GINA"概念跑车

（3）根据设计认知心理学家唐纳德·A.诺曼的情感设计理论，以CMF为设计要点的产品形态设计，其本能层次设计是通过色彩、材料、肌理等多个产品感官要素的设计为切入点，考量的是产品形态给予用户的第一视觉、触觉、嗅觉甚至味觉等感官体验，构建的是产品良好的"第一印象"，实现的是用户"心扉"的开启与本能需求的满足（图4-90）。

图4-90 苹果手机通过改变外壳色彩，就可完成销量提升

同时，对于行为层次设计，产品形态CMF设计的效用与价值主要彰显于三个方面：一是凭借色彩的创设提升产品形态的易读性；二是依托材料的特质属性优化与改善产品功能的实施；三是通过肌理触感的择取提高产品的易用性等。而就反思层次设计而言，基于CMF的产品形态设计则主要是借助CMF自身的科技、文化与认知等属性，以及经由CMF设计达成的产品独特的效用反馈等途径实现。

4.4.3　特征与规律

柳冠中教授指出："'设计'是一门科学，可以通过分析、研究、推理等方法解决问题。"产品形态CMF设计解决问题的方法，是运用与凭借色彩、材料及表面处理工艺等产品形态构成要素，以创新性的规划、择取与优化等途径，通过目标性、系统性地组织、整合来创造价值，寻求和达成产品形态富于品质的架构。基于用户视角，CMF设计致力于使产品形态更有用、可用和被需要；而沿循设计者维度，CMF设计则力求产品形态能够更有效、高效和与众不同。作为产品形态具体构成要素的设计，CMF设计涉及设计理念与媒介物二者的"直接对话"。以物质与意识的辩证关系析之，产品形态CMF设计的思维脉络与实施机制具有一定的互为特质与互逆属性，是一种"可逆"的设计方法论。

首先，产品形态CMF设计可缘起于设计者及其设计理念，其设计活动可解读为设计者理念与思维的具体物化，是为产品"形"披上满足设计所需要的"理想外衣"。依据亚里士多德的"事物成因论"，在产品形态的构建中，设计者与设计理念构成的是产品形态创设的动力因与目的因，是产品形态达成的主导因素；产品的"形"与CMF是产品形态构成的形式因和质料因，而CMF设计则可诠释为：在设计者动力因驱动下，满足设计理念并能有效支撑产品"形"的设计行为，是产品形态实现"完整"并富于成效的基础条件与有机构成。就"外衣"的色彩而言，设计者可在设计理念的引导与诉求下，在大千世界的可见光谱中寻觅、捕捉与筛选同设计"理想、愿景"最为契合、匹配的心怡颜色。现有的PCCS色彩体系、Munsell颜色系统及OST-WALD色立体等，完全能够确保这种选择"理想性"的实现；对于"外衣"的材料与表面处理工艺，自然万物及相关科技的发展，亦使"成衣"不是问题。鉴于CMF设计的这种思维脉络，其实施机制主要彰显为依循与契合设计理念的"选、择、适"，即选何种颜色、择何种材料、何种工艺适合。当下各类应用广泛的电脑辅助设计软件都会设有"材质编辑"模块，其主要职能便是"设计白模"色彩、材料及其工艺的选取、设置与赋予等CMF设计属性工作。

其次，产品形态设计的思维不是单向、线性与一维的。设计师需要根据设计任务和设计对象的不同，灵活运用各种思维方式，以艺术思维为基础，与科学思维相结合，不仅要强调逻辑思维的严谨性，还要强调形象思维的新颖性，二者的有机结合才能完成"好的产品形态设计"。在一定情境下，产品形态的设计与架构充满了偶发性、随机性与不确定性，具有直觉、灵感、顿悟与感知等非理性思维的特征。产品新形态的架构可以是设计者瞬时思想、观念的灵光一现，或是诸多素材、问题聚合在一起的陡然茅塞顿开，亦或由一个形象到另一个形象毫无征兆与因由的骤然蜕变。因此，产品形态设计也可起因于CMF，以触景生情、睹物思意的思维方式与实施途径达成。纵观设计史，以CMF某种属性或特质为"诱因"，产品形态设计的成功案例可谓层见叠出、屡见不鲜（图4－91、图4－92）。值得关注的是：在产品形态的诸多构成要素中，CMF不但拥有"形"的视觉效应，还兼具"技术"属性。德国现代主义设计大师密斯·凡·德·罗曾言："当技术实现了它的真正使命，它就升华为艺术。"在设计者的眼中，一抹"怡人色彩"、一种"独特材料"、一项"全新工艺"，均会成为设计的灵感源泉、思想火种与行动启示，并由此激发新的设计构想与形态出现。相较于以设计者及其理念为主体的思维导向，以CMF为基点与动因的产品形态设计，具有一定"反作用"的逆向特质与客体属性，契

图4－91　KRUPS咖啡机设计，灵感来源于蒙德里安的《红、蓝、黄构图》

图4－92　Cabbage Chair
（佐藤大与三宅一生的作品，灵感来源于废弃的褶皱纸）

合了亚里士多德的"质料潜能说"。因此，基于CMF的产品形态设计既可发端于设计者及其理念，亦可源于CMF某项"魅力"的"逆向"使然。

西班牙著名自然主义哲学家、美学家乔治·桑塔耶纳在《美感》一书中言明："假如雅典的巴特农神殿不是由大理石砌成，王冠不是由黄金打造，星星没有亮光，那它们将是平淡无奇的东西。"作为产品形态构成的要素，CMF设计是产品形态达成完整、和谐与美感的必要条件与重要依托，亦是产品能够满足人需求与欲求重要的物质映射和反馈。格式塔理论提出：眼脑作用是一个不断组织、简化、统一的过程。正是通过这一过程，才产生出易于理解、协调的整体。产品形态的CMF设计虽是针对产品形态某项构成要素的局部性设计，但这种设计却是置于产品及产品形态设计的总体诉求与设计理念导向之下，彰显的是一种大处着眼、小处着手的设计方略；同时，就CMF设计的最终对象而言，产品用户不会因CMF某项因素的"精彩"便被"打动"，成熟而理性的"结论"是源于产品各项综合属性的整体认知与感悟。

4.5　美学设计法

4.5.1　产品形态"美"的认知

基于哲学视域，美基本上不外乎两种：一种从客观物质的属性中去寻找美的根源；另一种从主观人的精神中去寻找美的本原。马克思主义美学理论认为，真是事物的合规律性，善是事物的合目的性，美则是事物合规律性与合目的性的辩证统一。真、善、美是具体事物具有的有利于社会和人类生存发展的特殊性质和能力，是具体事物对人类生存发展具有的正面意义和正价值。正是这种真、善、美的统一，使人的活动超越了客观必然性而获得人的自由。产品作为人为自由的创作实践结果，是人类自身本质的一种表现和自我确认。产品是应人的需求、欲求而出现的物品、过程或服务。在人类的众多需求与欲求中，求美是其中最为重要、特有与高级的一种现象与心理需要。诚如著名美学家张世英所言，审美是人生的最高境界。产品形态对于美的追求、关注与创设，恰恰是人以产品形态为媒介和载体，向往需求满足与憧憬自由实现的诉求对象、物质依托与具体践行。

基于客观的物质面向，产品形态的美首先在于其"真"，即合规律性（或称合理）。产品形态因"真"产生的美，其意涵是多层面的。其一，作为一个有机的系统，产品形态的形、色、质及动作等诸构成要素，其彼此之间达成的关系应是自然界和社会诸现象之间必然、本质、稳定和反复出现的关系，应是自然规律、社会规律和思维规律的具体应用与物质形式呈现（图4-93）；其二，产品形态的表征应具有节奏、秩序及简明的特质，是人感观熵值较低的状态（图4-94）；其三，产品形态的创设应是一种有章可循、有据可依的行为，是可通过数据分析、理论推演、技术验证等途径予以实现的（图4-95）；其四，产品形态美的构建及其价值评判的依据与标准具有相对的客观性，并不完全取决于人的意志与好恶（图4-96）；其五，产品形态美彰显的是产品形态发展过程中的本质联系和共性特质，具有必然性、普适性的特征（图4-97）。

图4-93　榨汁机设计
（杯体的体积及刻度是该类产品
形态设计的"真"）

图4-94　Philips M5 MIRA，
家用无绳电话再创新篇

图4-95　汽车风洞试验令形态的调整、修订有据可依

图4-96　改锥工作面设计　　　　　图4-97　饮水杯子设计

其次，依照中国汉字的释义，善与美均从羊，二者同意。善是人对客观事物合目的性的观照。因此，以人的主观视角，产品形态的美可诠释为其形态应具有"善"的属性，以"善"为美，即合目的性（或称合情）。目的通常是指行为主体根据自身的需要，借助意识、观念的中介作用，预先设想的行为目标和结果。依循古希腊哲学家亚里士多德的四因学说，人的目的是一件产品形态存在的原因之一，也是为何进行产品形态设计的缘由所在。作为观念形态，目的反映了人对客观事物的实践关系。人的实践活动是以目的为依据的，目的贯穿实践过程的始末。而合目的性就是指客观事物对于人需求的回应与契合程度，是对目的贯彻与达成的品评和反馈。对于产品形态的美，合目的性主要是指产品形态能够满足与符合人需求能力与水平的正向体认和良性回馈，而产品形态美的创设则是这种美的具体构想与实施行为。在产品形态美的达成中，目的既是美缘起的构成，亦是美行进的动力，更是美效应的圭臬。闻名于世的巴塞罗那椅是设计师密斯·凡·德·罗在1929年巴塞罗那世界博览会上的经典之作，其目的就是为了欢迎西班牙国王和王后，并同著名的德国馆相协调。巴塞罗那椅的设计在当时引起轰动，地位类似于现在的概念产品。时至今日，巴塞罗那椅已经发展成一种创作风格。同样，Juicy Salif是菲利普·斯塔克1990年为意大利家用品牌阿莱西设计的一款榨汁机，按照斯塔克本人所说："有时候你必须选择设计的目的——这玩意可不是为了柠檬汁，在某个夜晚，一对新婚夫妇邀请新郎的父母来家做客。父子俩去看电视足球比赛了，新娘和婆婆头一回单独在厨房，气氛有点抑郁——这个榨汁器就是为了起个话头而设计的。"

再次，黑格尔在《美学》一书中指出，"美是理念的感性显现"，"正是概念在它的客观存在里与它本身的这种协调一致才形成美的本质"。就产品形态美而言，合规律性是产品形态具有美的前提基础，而这种合规律性只有以产品形态的可感形式表现出来，并与其达到统一时，才是美的。同时，人是美的尺度与审美的主体。格奥尔基·瓦连廷诺维奇·普列汉诺夫在《再论原始民族的艺术》一文中曾言："人类以为美的东西，就是对他有用，是为了生存而和自然以及别的社会人生斗争上有着意义的东西。"由此可见，合目的性构成与昭示的是产品形态美的服务面向与价值内涵，而这种合目的性只有借助产品形态的有效传示和付诸实施，才能化作为他人所感知与体认的美，这亦是产品形态美合规律性应该满足的诉求。产品形态作为人为的客观对象与第二自然，其美应是自然与人二者利益与价值的统一观照。其中，合规律的客观美是产品形态合理美的彰显，而合目的的主观美则是产品形态合情美的呈现，二者相互关联且不可分割，有机并互为依托的作用、映现于产品形态美的整体。值得重视的是，二者构成的只是产品形态美的实施基础与内涵要旨，二者互为的关联与有机存在不是无原则、无取向地彼此迁就和妥协。其中，产品形态美的合规律性不是单纯、机械地因循守旧、墨守成规，而是"不以规矩，不成方圆与通权达变，审时度势"的兼顾；产品形态美的合目的性也绝非是一己私利的肆意妄为、无所忌惮，而应为"不谋万世者，不足谋一时；不谋全局者，不足谋一域"的权衡。产品形态美的合规律性需要合目的性的人性导引，以凸显其为人所用的价值取向；产品形态美的合目的性亦需要合规律性的客观厘正，方能达成美的理性回归，这才是二者达成美应秉承的辩证统一的科学思维，有所为、有所不为。因此，产品形态美是产品形态"真"和"善"属性与效能"有机合成"后的形象显现，这种美既是产品形态具有客观合规律效应的现实属性，亦是产品形态能满足人需求与目的的精神之美，是一种兼具客观与主观、现实与精神多重属性的美，是产品形态"真与善"内涵与表征辩证统一的复合美、综合美。产品形态美的这种特质不但使其美的创设变得庞杂而艰难，也令我们常常难以界定一件产品形态美的因由。习见的情形：当面对一件令人感到美的产品形态时，人们是很难理清这个美究竟是来自产品形态的功能强大，还是源自它形式的楚楚动人，操作使用的适宜感受，抑或是各种信息体会的兼而有之（图4-98）。

图4-98 BMW Spirit 未来概念的摩托车设计

4.5.2 产品形态"美"的构成

产品形态的美是一种真与善内涵和表征辩证统一的复合美、综合美。这种美蕴含、镶嵌于产品形态的客观物质实体之中，并通过相关用户的主观审美活动得以体认与产生效能。同时，创新是设计的核心要旨，作为产品设计的重要构成要素，产品形态美必然被赋予创新的属性与特质。因此，产品形态美的内涵及其外延是丰富的、多向的，具有较强的现实性与拓展性，涉及了相关客体与主体的多个层面、视域的诸多要件和因素，而其中各个要件与因素预形成有效地"合力"，势必会遵循与采用相契合的原则和方略，方能达成与满足产品形态美的创设初衷与需要。

其一，依循一般的美学观点，美是属于人的美，审美现象是属于人类的特有现象。产品形态是否美，美的程度如何，是以人的视角与价值标准为基点与依据的。产品设计是以解决矛盾为目标的创造性活动。作为产品设计的重要内容与主要表征，产品形态对于美的考量与关注既是产品形态满足设计目标需要的必需举措，更是其设计创新活动人性化的彰显，是产品设计为人服务的具体践行。产品形态美的创设，其实质是产品形态合规律性与合目的性的矛盾处理、优化与整合的创新过程。矛盾解决的基点与标准涉及、参照的是美的价值判断，就产品形态美而言，美的价值判断依据的是产品形态包含的价值性质和程度的确认。其中，价值性质是指产品形态美具有的效用、效益或效应必须是正价值，即产品形态能够促进和谐发展的客观属性与功能激发出来的主观感受；而价值程度则指向产品形态包含正价值数量的多寡（图4－99）。值得关注的是，产品形态所具有的价值是正、负价值组成

图4－99　丹麦杰出设计理论家、灯光设计师保尔·汉宁森的代表作"PH"系列灯具，其设计既强调科学，亦关注人性，被冠以"巴黎灯"的美誉，百年后依然是潮流

的统一体，其价值的性质及其数量是个相对的概念。产品形态不存在着绝对与完全意义上的美或丑，单纯、孤立与静止地判断一件产品形态是否美及美的程度是不符合美的普遍认知和有悖辩证法的。无论对于"造美"的设计者与"审美"的用户，均有失公允、科学和道德。因此，在产品形态美的创设中，设计者应首先要明晰与确定产品形态服务的对象、时间、空间、情形等综合条件因素，才能着手谨慎、针对性地切入"造美构思"与实施有效的"造美活动"；产品形态用户亦应根据自身及所处的微观与宏观环境等要素，在与产品形态真正发生关系并形成效应时，方才具备品评与谈论其价值正与负、多与寡的条件与依据。

其二，根据李砚祖教授的"造物系统"理论，产品形态及其设计活动从属于人类造物系统结构的中层，它既区别于传统意义上以合目的性为取向的"艺术造物"，亦不同于一般性以合规律性为基准的手工与技术造物，是审美与实用的统一且与人的生活发生最密切的关系。由此观之，产品的形态设计是具有相对开阔的"空间与视野"，其美及创设是拥有一定"弹性"的，它可以关注其中的"艺术含量"，以艺术品的"身份"供人欣赏（图4－100）；也可以增加其"实用比重"，满足具体实用功能的诉求，如螺栓、榫卯等。实际上，我们日常生活面对的绝大多数产品既非艺术品，亦非零部件，而是美观与实用的兼而有之。在产品形态的美创设与审美实践中，设计者或用户如若过分地追求、强化产品形态的合规律性，就易出现僵化、呆板的"美"，缺失了产品为人服务的根本诉求。这种以规则、惯例及常识等为要点，看似"科学"的背后，实则是对人性复杂与个体差异的"漠视"，形成的是人与产品关系的渐行渐远（图4－101）。

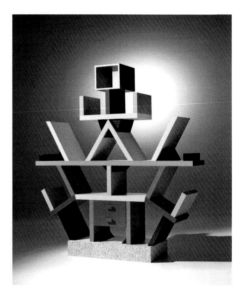

图4－100　书架——由意大利著名建筑设计师埃托·索特萨斯（Ettore Sottsass）设计，孟菲斯集团（Memphis）代表作品

图4－101　餐具设计

如现代主义设计风格发展到后期出现的种种弊端；而视若设计者或用户一味地关注、执着于产品形态的合目的性，尤其是这种合目的性若是带有较强的利己与狭隘色彩，这种"美"便会陷入个人私利的主观世界泥潭而遭到"唾弃"，也会因面临"伪科学"的尴尬而无法得到"合规律性"的支撑，进而丧失了批量生产、推广与面向大众的可行性，与现代设计造福大众的初衷相背离（图4－102）。通常意义上，一件被认定为美的产品形态都应是"真"与"善"互为作用和条件的有机综合体，均会不同程度地满足使用者实用、认知与审美的多重诉求。面向产品形态美的创设及审美，设计者与使用者需秉持的原则：产品形态美是一种客观美与主观美取舍之后的统筹和兼顾，希冀达成的是1+1>2的综合效应；我们平时需要的是能够有效解决具体问题的产品，不是精密严苛的实验仪器，更不是陶冶情操的艺术品。无论是产品形态的设计者还是使用者，均不应以"绘画水准"来审视以实用为根本属性产品形态的艺术魅力几何，也无须过分地苛求一件寻常日用品形态的科学严谨程度。

图4－102　自行车设计

其三，产品形态美作为物质型产品的一项关键属性，既是其设计工作重要的"规定性动作"之一，也是评价其工作结果优劣的主要参照因素，是产品设计的有效与有机构成。对于源起于艺术客观化趋势及大机器时代生产技术变革背景的现代设计，其内涵尽管在不同时期存在着诸多彼此相异的界定，创新的核心属性却得到了相对一致的肯定与共识。就产品形态的美而言，设计的创新性必然诉求产品形态美"创新内容与形式"的存在，并成为衡量与品评产品形态美的关键要素和主要依据。所谓不破不立、除旧布新。值得关注的是，设计创新并不是设计思想的随性"放飞"，它既需要破与立的胆识和魄力，更需要立与兴的方法和策略（图4-103）。对于产品形态美的架构，这种创新是以产品形态的合规律与合目的性为基础和取向，以形态素材的独辟蹊径、构成方式的不拘一格为灵感和举措，以人类社会与自然生态可持续发展的责任感、使命感及道德意识为原则与引导，实施的具有一定前瞻性、先进性与良性效应的造美活动。

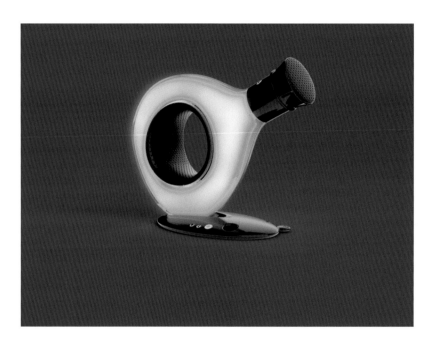

图4-103　生活不易——你需要灯光+音乐+美酒

首先，就产品形态美的合规律性而言，其创新主要表现为产品形态架构依托的设计本体语境与相关拓展语境（由社会、文化、生态等人为与自然要素构成）的嬗变与丰富，这有赖于关联领域理论研究的不断补足、深化及开创性实践工作的有效开展和验证，而设计者勇于"天下先"的意识和挑战"常规"的胆识也是达成这种创新的重要内因。需要说明的是，合规律不是墨守成规、因循守旧的同义语。人类掌握并运用规律的根本目的在于走出他者的"囚牢"。无论是产品形态美的创设还是用户的审美，都应以创新的思想与行为，积极、辩证地看待美的合规律性（图4-104）。其次，对于产品形态美的合目的性，如同人们对于科技的认知与应用一样，其内涵、价值与表征也是处于一以贯之的更新之中。随着人类物质与精神文明的不断演进，人的品位、视野与需求会持续得到相应的跟进、拓展和提升，而人类目的的内涵亦会情随

图4－104　3D打印——混凝土编织材质的长凳

事迁、相辅相成；同时，产品用户目的的内容与取向也会为富于创造性与使命意识的设计所左右、激发，进而引发、唤起其更高层级、更广领域的诉求和畅想。而这一切无疑会促使合目的性呈现出持续创新的常态，产品形态美的内涵与形式亦会随之处于不息地更替之中（图4－105、图4－106）。对于产品形态美的创新属性，其架构主要涵盖：产品形态设计原型与具体构建方略的创新（新素材、新构成等）、产品机构原理与具体布局实施的创新（新视角、新逻辑等）、形态语义传示策略与途径的创新（新指向、新语构等）、科学内涵与技术应用的创新（新理论、新工艺等）、系统面向与场效应的创新（新领域、新关系等）。

图4－105　ECOtrace电动公交——出色的空气动力学特性有助于节省能源

图4-106　现代Prophecy EV系列车内饰，以操纵杆代替方向盘，宛如保时捷911的灵魂之子

产品设计是一项以产品为对象的创造性活动，其目的是为产品以及其在整个生命周期中构成的系统建立起多方面的品质。产品形态美作为产品多方面品质的重要组成，它在为产品的功能实施、内涵彰显、行为指向等诸多品质提供正向支撑与有力保障的同时，亦成为产品设计综合品质效应的最终表现与目标取向。需要认识到，产品形态美的认知及其架构具有一定开放性、包容性与拓展性，每个时代、每个阶段均会呈现出不同的内涵与表征。正如美的内涵言人人殊、众说纷纭，产品形态美的界定及其架构亦是聚讼不已、众口难调，这是由产品及产品形态、人与美等相关因素自身的复杂性、嬗变性所决定的。这种美蕴含、融汇于产品形态，映射、彰显于用户及其所处的系统之中，是一种物质美，也是一种精神美，是构建于形式、功能、信息、科技、系统及创新等诸多要素与途径基础上的综合美、复合美。哲学家张世英曾言："人生有四种境界：欲求境界、求知境界、道德境界、审美境界。审美为最高境界。"对于产品设计中给予产品形态美的关注，实则是设计工作者对人及其生存状态的眷注，亦是对设计自身价值的思考。

4.5.3　产品形态"美"的创设

1. 以形式造美

哈佛商学院有关研究人员的分析资料表明：视觉是人类获取外界信息、认识世界的主要途径，是人类具有审美能力的两大感官之一（另一种是听觉）。而客观物象的形式则是视觉达成的主要来源与映现对象，是人类审美能力得到发挥的首要着力点和必要支撑点，更是人类审美效应形成的重要物质依托与前提基础。可以说，任何审美活动都在一定程度上依赖视觉提供的物象形式。因此，就产品形态美的创设而言，通过与凭借产品形态的造型、色彩、质地及动态等形式对要素美的营造，是实现产品形态具有美的属性及审美价值优先解决的问题与主要关注的对象。而基于"先悦目，后赏心"辩证唯物主义审美观，则为"以形式造美"提供了源自客观的学理依据和行为机理，即所谓的触景生情（图4-107）。

图4-107　橱柜系统设计
（源自"架子鼓"的设计形态，使得"烹饪"活动犹如惬意地演奏器乐）

作为产品的第一视觉印象实体，产品形态的形式美是以产品的体、线、面、质地、色彩和动作等诸多可视性要素为媒介与载体，"合力"共同作用于人的视觉后产生的，并在一定时空中可以被感知的直观的复合美。依循马克思主义美学与格式塔心理学相关理论，构成产品形态的各形式要素需按照一定规则、规律及依循与内涵的对应关系"制造"起来，才具有审美的属性及价值。这种"形式造美"包括三个层次：一是形式总体上的和谐性，即构成产品形态各形式要素的相对统一、整体，它体现的是形式属性与结构的相对"同一性"和秩序化，具体表现：产品形态往往会选择与采用存在"主辅关系"的形式要素来创设，以达成形式的和谐诉求；二是形式各要素构成的规律性，即以人的审美规律调整、导向各形式要素的"异质同构"，它彰显的是形式创设与人的关联性及价值取向的人性化，主要表现为均衡、对比、对称、节奏、黄金分割比、斐波那契数列递推等形式美法则在产品形态设计中的运用；三是形式与内涵的协调性，即产品形态需具有与其属性类别、功能定位及价值面向等内涵信息的对应与契合关系，其核心要旨为内容与形式的辩证统一，这是对产品形态美具体形式的采选及其营造取向的判断诉求，而这种判断诉求又涵盖了产品形态与内涵的映射与观照两个层面（图4-108、图4-109）。

2. 以功能造美

美学家李翔德先生曾言："人类对功能的需要是先于审美需要。"对于产品形态的美，产品功能是其形态具有审美属性的基础与前提，产品形态美是对产品功能的高效实施具有正面意义和正向价值的美，是一种具有实效性与对应性的美。产品形态美是产品功能发挥功效的"润滑剂"与"倍增器"，它能置产品功能于令人愉悦的过程之中，使产品既有功能获得更多的拓展空间与外延价值；同时，产品形态美亦使产品功能产生效应的过程嬗变为一项审美活动，这种审美活动既包括人对需求得到满足时所产生的理智愉悦反应，更涵盖了视觉、触觉等感官引发的情感心理回馈（图4-110）。

图4-108 "飞碟"童车设计
（儿童产品形态应具有安全性、故事性与亮丽的色彩配置）

图4-109 便携式制氧机
（理性、简洁、便利的形态符合医护产品的属性需要）

图4-110 法拉利GTC4Lusso运动跑车
（人们青睐它，不仅因为其V12发动机在同级别车型中的翘楚地位，更是折服于它无处不散发着的优雅气质和操纵驾驶时展现的速度与激情）

依循徐恒醇先生的功能转化论，产品功能与其形态间存在着密切的映射与对应关系，产品形态是其功能发挥效用的物质基础与实施保障，产品功能则构成了其形态存在的内涵依据和价值面向，亦为其形态美的创设提供了可行的实施方略与行动指向。基于产品形态美"真"与"善"辩证统一体的属性及其与功能的映射关系，"功能造美"可涵盖如下内容：一是以产品功能的合规律性创设满足产品形态美的需求。首先，产品功能是建立在特定科学、技术及经验与常识基础之上，其客观规律性必然诉求与之相对应产品形态的合规律性（图4-111）；其次，产品功能多是由若干子功能按照一定逻辑关系有机合成的结果，这既是产品功能有效、高效实施的保证，亦是构成产品形态具有合规律性客观动因（图4-112）。需要明确的是，映射产品功能的合规律性创设获得的产品形态，仅构成其美的基础态势与基本框架，强调的是形态美"真"的属性，主要涉及产品形状的匹配性选择、各形态的排列方式及组合模式等，如↑表示上、↓示意下、↑与↓并列为"既上又下"。二是以产品功能的合目的性创设实现产品形态的美。产品功能是产品应人需求具有的特定职能，满足目的需要是产品功能存在的依据与价值所在。产品功能的合目的性是以其合规律性为前提的，主要表现为产品功能实施及发挥效应的便捷性、容错性与个性化等，其中个性化是产品功能合目的性的核心要点。而与之相对应的产品形态，则着重指向形态的形状、色彩、质感、数量、位置等映射性的宜人设计，标明的是形态美"善"的属性，产品形态设计领域的"同功异构"现象便是产品功能合目的性的具体显现。最具代表性的莫过于大众基于PQ35平台下的速腾、高尔夫和MPV、SUV等多款车型。值得关注的是，以产品功能的合目的性创设的产品形态美构建于功能合规律性的基础之上，是对功能合规律性达成"基本美"的调整、深化与完善，实现的是产品形态由合规律的"理性美"向合目的"感性美"的转化与提升，是对人审美主观性、个体性与多样性的观照与回应。

图4-111 改锥设计

（防滑的肌理、多头的工作面，契合了功能诉求）

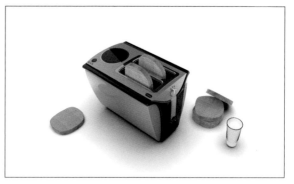

图4-112 早餐机设计

3. 以信息造美

产品形态是产品各项综合属性的载体与媒介。通常情形下，物质型产品的形态能够记载或表达两种类型的信息：一种是知识，即理性信息，如产品的功能、材料、工艺等；另一种是体验，即感性信息，如产品的造型、色彩、质地等。前者与产品形态美的客观属性相关，后者则指向产品形态美的主观属性。依循康德的美学观点，产品形态的美是一种依存美，它是以产品的概念、完满性、合目的性为根据的美，这种美能够言明产品是什么，有何性质，对人有何意义，即产品形态的美是以能够有效传示产品的各项属性信息，并以与其内涵相协调作为基本评价要点与价值指向。因此，根据产品语义学，产品形态美的创设可解读为：通过产品形态契合语义认知规律与诉求的设定、组织、处理等构建活动，使其具有能够有效表述自身蕴含相关信息的能力。就设计者而言，产品形态的美应是其内心各种创意构思信息的完美呈现；就用户而言，产品形态的美则主要表现为产品形态的信息是能被高效、有效的体认。

在具体的设计实践中，产品形态的美首先应体现为映射与彰显设计者理念信息的明晰性与完整性，即产品形态能够全面、有效地诠释设计者付诸该产品的各种信息，确保的是产品形态与设计者之间"信息转换"的通畅、高效与无误。基于符号学及产品语义学的相关学理，预达成这种"信息转换"的美学属性，必然诉求于设计者高超、敏锐且富于个性的形态语言运用能力。而这种能力的强弱则主要取决于设计者对形态语言的掌控程度、应用水平、经验偏好及相关的表述技巧与手段等，亦关联于设计者对产品形态相关属性、背景的前期认知，如设计者的造型能力、艺术修养及目标产品技术原理、加工工艺的掌握等。其次，现代设计的民主性决定了产品形态的美应是一种普适、兼容的大众美。对于这种美的解读与体认应区别于对绘画、雕塑和音乐等美的欣赏，它强调的是产品形态信息的高效识别性与有效指向性，力求实现的是人与机的零距离沟通，可视性及易通性是这种美的基本诉求与属性。其中，可视性是指产品形态让用户明白怎样操作是合理的，在什么位置及如何操作；而易通性则是指产品形态的内涵意图几何，产品的预设用途是什么，所有不同的控制和装置起到什么作用（图4-113）。

图4-113 "联体"饮水机设计

4. 以科技造美

产品形态是人类文明及其科技的产物，产品形态美的创设必然与科技存在着紧密的关联性。严谨与客观的科技在为产品形态美的创设提供合规律性学理基础和依据条件的同时，也是其成型、质地、色彩及动作等要素达成的直接因由，更是产品形态美能够不断迭代、更新的源动力之一。

以科技与审美的关系析之，首先，科技是科学与技术的简称，它是人类在探索世界（自然与人文）、认识世界，继而改造世界的生产实践中所获得的具有价值的硕果，更是人类变革世界、向往自由的途径与手段。依循马克思主义美学观点，科技与审美都是人类在生产实践中获得的成功且正向的成果，二者存在着内容到形式上的高度共鸣与共通性，可谓异质同构、异曲同工。正如徐恒醇先生所言："一座美的建筑或美的产品，它在技术上必定是正确的。科技的美学价值主要体现在产品与人关系的和谐和丰富性上。"因此，依托科技达成的产品形态美是人乐于接受且极易获得共识的美（图4-114）。其次，基于产品形态美的客观视角，以科技创造产品形态美主要涵盖两个面向：一是产品形态美的创设离不开科技的存在，必须获得来自科技的有力支撑。产品形态的材料成型、色彩涂饰、机理质感及动作设置等美的要素，无一不是以相关科技作为思想与物质基础和实施条

图4-114　Fuller Moto Majestic 2029摩托车

（这是一款"满载科技"的电动摩托车，该车采用全封闭铝质车身、轮毂转向系统。其中，摩托车的轮框、轮毂等均由3D打印的钛合金制成，轮辐则使用了透明的聚碳酸酯材料，一眼望去，轮毂与轮框宛若毫无接触般地悬浮于空中）

件，科技为产品形态的各种"造美"活动提供了行为实践的可行性与可操作性（图4－115）。二是科技能够给予产品形态美的创设以一定的策动力，并催生、促发产品形态美持续不断地迭代与"放飞"。科技是第一生产力。产品形态作为科技对象的物质成果，其美在于它能有效地补充和延伸了人类肢体、感观和大脑，扩大人类的活动范围，改善人类的生存环境，并且推动着整个社会的发展（图4－116）。

图4－115　Plum椅

（该座椅以回收的高密度聚乙烯为主材，采用参数化设计理念及技术，通过三维打印手段予以创建）

图4－116　心随——3D影音设备设计

5. 以系统造美

产品形态美的创设与相关的审美活动不是隔绝于世般的真空存在，它不仅存在、发生、显现于人与机、人与人以及由产业链、商业链和供应链等要素构成的微观系统之中，更是被置于、作用、呈现于由人、机、环境等共同组成的社会与自然的宏观系统之内。产品形态设计的"造美"和用户的"审美"与其他相关因素，可谓时时刻刻发生着彼此关联与相互作用，并形成了以美为核心的有机整体，具有鲜明的系统特质。依循系统设计理论，产品形态美的创设可以系统观念为价值取向予以实施，体现的是产品形态美对人及相关系统的依存、能动和关联属性。这种美的创设与审美超越了人自身局限的藩篱，突破了产品形态美仅满足个人愉悦的狭隘，实现的是人与产品形态及社会、自然的和谐交融，达成的是系统的共感与欢歌，彰显的是主客同一和物我交融的审美境界。

根据一般系统论创始人美国哲学家贝塔朗菲的观点，产品形态的美所构成的系统是一个有机的整体，产品形态美不是孤立地存在，它应与系统相互关联，并不同程度地受到系统各要素"场"的效应，才能取得"整体大于部分之和"美的升华。美学家查理斯·拉罗在工业美的结构论中也指出，构成工业制品的各种不同质的结构，它们各有自身的价值，但其整体由这些结构相互一致而取得超结构的和谐时，才具有美。因此，产品形态的美及其创设具有系统的属性，可以通过系统各要素互为效应的方式予以达成。首先，就特定产品的形态美创设与用户审美而言，这种看似发生在二者之间的系统行为，实则会为同类相关产品的美及审美活动所"干扰"。如基于相似技术、功能且同时推出的手机、空调、汽车等，就常常会令用户为"孰美所困"。同时，用户的产品形态审美取向也会为其自身所处的时空状况所"左右"。如用户的某种情愫（怀旧、尝新等）、最新流行色、最潮爆款等。其次，对于产品形态美的具体制造、营销等环节，生产便利、成本低廉、体小质轻等成为产品形态美的主要诉求构成。再次，若将上述情形置于社会与生态环境的宏观系统下，产品形态美则会转化并服务于人文思想的提正、社会业态的和谐和环境的可持续发展等层面。将产品形态的"造美"活动置于系统观念之下，其工作貌似多了几分框架和束缚，但却在为产品形态美的创设拓展、增添思维空间和切入维度，使其行为有章可循，令其美有"镜"可鉴。如服务设计、体验设计与生态设计等，便是系统论语境下解决产品形态美创设的具体学理和方法论，达成的是产品形态的系统之美（图 4 - 117）。

6. 以创新造美

创新昭示着更新、改变与创造新事物。产品设计是以产品为对象的设计造物活动，创新既是设计的重要方法与策略，也是评价一件产品"设计含量"几何的关键要素。作为产品设计的有效构成，产品形态美及其创设需从属并服务于产品设计创新工作的整体，而设计创新必然诉求产品形态美"创新内容与形式"的存在，也势必构成其创设的行动指南与价值取向，成为衡量产品形态美的重要评价标准之一。正所谓不破不立、除旧布新。以创新思维与方式驱动、达成产品形态美，定会伴随着既有产品形态美创设基础与构建方式的转变与革新。值得注意的是，设计创新并不是思想野马

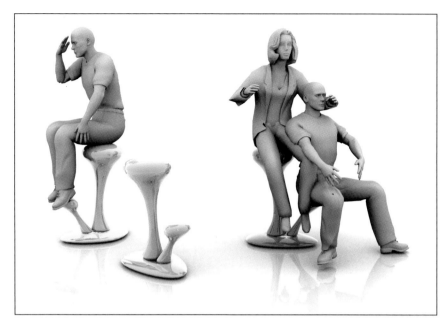

图4-117　庭院椅设计

（该设计以"蘑菇"为原型，满足了用户对于生态的心理与精神需求）

的随性驰骋与绝对的"以新为美"，它既需要"破与立"积极向上的意识和勇气，更需要"立与兴"切实可行的方法和策略。对于产品形态美的创设，这种创新应是以产品形态美的合规律性与合目的性为基础，以突破产品形态美创设已有的思维定式和实施范式为途径，以人类社会与自然生态可持续发展为取向，开展的具有科学性、前瞻性及良性效应的造美活动。

　　首先，对于产品形态美的合规律性，其创新活动主要指向为以产品形态创设为依托的设计本体理论与相关科学、技术及方法论等客观因素的嬗变与更新，这有赖于关联科学与实践研究的不断精进，亦依赖于设计者面向新事物敏锐的洞察力、坚定的执行力和积极的应变能力。需要明晰的是，尊重规律并不意味着墨守成规。人类掌握并运用规律的根本目的在于走出他者的"囚牢"。因此，无论是产品形态美的设计者还是用户，均应以创新的理念与行为，积极、动态地审视美的合规律性，包容并接纳"非常规"的美（图4-118、图4-119）。其次，对于产品形态美合目的性的创新，其可行性与必然性尤为显著。其一，相较于人类对科技的认知与运用，目的的内容与取向更是处于时时的嬗变与转换中。随着人类社会物质与精神生活的不断富足，人口综合素质的不断提升，人的希冀与需求自会情随事迁、相得益彰。其二，具有健康与良性导向的创新性设计在满足人们既有目的诉求的同时，亦会持续地激发、唤起用户更高层级需求的向往与憧憬。而这一切无疑会赋予产品形态美更多的责任与使命，并

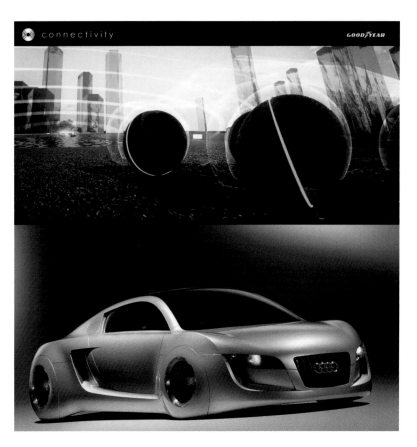

图4－118　奥迪RSQ采用Eagle 360 Urban轮胎，它由3D打印制成，纹路模仿
了珊瑚的形状，可以根据路况进行智能调整，使用户实现了任一角度行驶的美感

图4－119　微软Surface　Arc蓝牙鼠标，它带来更为快捷的连接方式，
摆脱了线缆的束缚，外出携带时，可以展平收纳，更加节约空间

促使其合目的性呈现出不息的创新常态（图4-120）。落实于具体产品形态美的创设，以创新造美主要涵盖：产品形态原型与构成的创新（新素材、新组合等）、产品功能原理与达成的创新（新面向、新路径等）、形态信息传示策略与手段的创新（新修辞、新语法等）、科技内涵与应用的创新（新理论、新工艺等）、系统面向与场效应的创新（新领域、新关系等）。

图4-120　捷豹I-PACE概念车发布会，在有效展示其雄厚的科技创新能力的同时，也以独特的视角诠释和引领人类的未来出行样态

产品形态美的创设是庞杂而烦冗的，它既不同于艺术性造物的唯美，也有别于一般基础性造物的唯用，主要关联于产品形态及其美的相关属性与达成机制的内涵认知与实践方式，具有多层面、多维度、交叉性等特质。在产品形态美的创设中，采用形式、功能、信息、科技、系统及创新等途径的造美活动，仅为其创设众多方略的冰山一角，其方法论会随着相关学理的认知深度、广度及实践的不断探索、总结而得到俱进式地拓展与完善。需要指出的是，产品设计是一种以产品为对象的创造性活动，其目的是为产品以及其在整个生命周期中构成的系统建立起多方面的品质。产品形态美作为产品多方面品质的重要组成，在为产品的功能实施、内涵彰显、行为指向等诸多品质提供正向支持与有效保障的同时，亦成为产品设计综合品质效应的最终表现与目标取向。爱美之心，人皆有之。对于产品设计中给予产品形态美的关注，实则是设计工作对人及其生存状态的眷注，亦是对设计自身价值的思考。

（1）产品语构学、语义学、语用学是建构于符号学基础上的设计方法论，正确认知符号学及其内涵，是进行产品形态设计有效的策略之一。

（2）了解与掌握仿生对象的机能特性是进行产品形态仿生设计的要点之一。

（3）基于功能分析的产品形态设计是产品核心属性的彰显与诉求。

（4）CMF设计理念与方法论是架构产品形态的一个维度和视角。

（5）"美"是产品形态设计的核心要旨，亦是构建产品形态的方法之一。

（1）运用适宜与恰当的设计方法，完成一件产品形态设计工作。

（2）针对一件成功的产品设计作品，分析其形态设计的方法。

符号设计法与CMF设计法思维逻辑的差别。

第5章

产品形态设计原则

1. 本章重点

（1）设计通识性与产品形态设计通识原则的内涵剖析；

（2）设计契合性的认知及其在产品形态设计中的表征与彰显；

（3）美学原则的分类及其在产品形态设计中的运用与实践分析；

（4）视知觉原则诉求给予产品形态的表征特质。

2. 学习目标

掌握产品形态设计中应遵循的通识、契合、美学与视知觉等原则，了解各原则的基本内涵、特点与显现形式，以此来指导和完成产品形态设计工作。

3. 建议学时

8学时。

设计是以解决问题为导向的创造性活动，活动的宗旨是创造一种更为合理的生存（使用）方式，而这种合理生存（使用）方式的服务对象是具有"问题（需求）"的用户（系统）。服务对象高效、顺畅与正确地认知、理解和接纳来自设计给予的"问题答案（需求满足）"，并依托、凭借"问题答案（需求满足）"，促使更为合理生存（使用）方式的达成，是衡量设计行为、结果效应与价值意义的重要指标之一。基于设计事理学的观点，欲达成此目标，产品形态设计应是一种能够在设计者与用户（系统）之间取得某种默契与共识的创造性活动，即产品形态是为用户（系统）需要何物（何事）而设计架构，而用户（系统）也应较为顺畅、高效地通过产品形态认知产品设计提供的是何物（何事），产品形态设计应是一种遵循一定原则的设计造物行为（图5-1）。

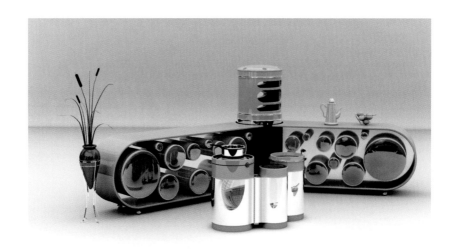

图5-1 "调色板"组合橱柜设计

5.1 通识原则

5.1.1 设计通识性的内涵

基于系统论的考量，通识是指构成系统的各因素之间存在的互为认知关系，或是各因素在某一问题上具有的共识特性。现代设计是一项复杂的系统工程，设计者、生产者、设计物、营销者、用户与环境等均是其构成的主要要素。这些设计的各构成要素间既彼此关联，又处于相对"独立"的状态。其中，设计物是设计活动创设的新物种（或新事），它发端、形成于设计者，架构、完成于生产者，组织、供给于营销者，认知、实施于用户，制约、构成于环境，是联结系统各要素，并使其具有某种价值（或意义）的核心要素与主要依托对象。因此，设计通识性主要面向的是设计物，是设计物应具有的特质与属性之一（图5-2）。

图5-2　咖啡机设计
（与人密切关联的产品，其使用应无须"指导"）

依循认知心理学，设计通识性的价值与意义表现：依托和围绕设计物，达成设计者与用户在设计认知上的相对协调、一致与匹配关系，实现设计者与用户在设计信息给予与获取上的一致性，以此减少、降低"设计认知摩擦"的存在。落实于具体的设计行为，设计通识性具有两个层面的信息：一是设计物欲传示的信息与被识别、认知的通识；二是设计物的综合效应与被体验、感知的通识。就设计的认知而言，基于设计事理学，设计通识性的作用则包含了三个内容：一是设计物与设计师通识——设计物是设计师想说的"事"、想做的"事"；二是设计物与用户通识——用户理解设计物说的"事"、能做的"事"；三是设计者与用户通识——用户得到的"事"是设计者构想的"事"。其中设计者与用户达成通识是问题的核心与要旨，是设计通识性追求的主要目标与效应。

5.1.2　产品形态设计的通识原则

设计通识性是设计及其行为应具有的一项特质与属性，其核心要旨是用户能够"读懂"设计物，并在设计认知上与设计者的"设计模型"取得一定的契合关系。在产品形态设计中，产品形态是设计物的具体体现，产品形态设计的通识原则就是指经过设计架构形成的产品形态能够被特定用户"读懂"，并在对产品形态设计的认知上能够与设计者取得一定共鸣与共识（图5-3、图5-4）。

在产品形态设计中，产品形态设计的通识性具有两个方面的属性：一是确定性。这种"确定性"的表现：一方面，设计的通识性应是设计者高度重视，并予以贯彻实施的设计策略与方式。产品形态设计需要通识性的"助推"，才能够使其顺畅、高效

图5-3 "Hand-free Cup Filler"自动取水器设计   图5-4 感·动——水龙头设计

地"走向"用户。另一方面，产品形态设计通识性的达成需要来自用户的积极"配合与应对"，并确保自身"高级需求"的合理性、宽容性与开放性，提供适宜通识性实现的"土壤和环境"。二是非确定性。非确定性的主要表现：用户的"产品形态认知"往往不会与设计者的"产品设计理念"取得百分百地的一致，时常发生超出或低于设计预期的结果。这种现象的出现，并非设计通识性的不足与失策，而是人的能动性、创造性使然。虽然通俗化、大众化的设计语言（造型、功效）会大大改善"不确定性"，降低"认知摩擦"的风险。但风险与机遇相随，较之平铺直叙的产品形态表述，经过一定"修辞"处理的形态语言更具"魅力"，更能符合崇尚回味无穷、体验深刻的"高级需求"，这是不争的事实。"通识"不等同于"简单"与"直白"（图5-5、图5-6）。

图5-5 加湿器+净化器组合设计   图5-6 "天鹅"台灯设计

根据心理学信息加工理论，设计通识性的核心目标：设计信息能够在设计及其行为构成系统的各因素间达成相对一致、统一的理解和共识。在实际的产品形态设计中，为达成产品形态具有和满足设计通识性的要求和诉求，有效地进行产品形态设计信息的传输与加工，产品形态设计需遵循一些基本原则来实现架构。

1. 直接与间接原则

在产品形态设计实践中，设计通识性的主要职责与任务是依托设计符号学、设计心理学等设计学理，实现产品形态设计信息在设计行为系统内各要素之间的识别性。在产品形态设计中，就特定的信息识别者而言，简单、直接的形态相较于复杂、婉转的造型，更易于被正确、高效的识别。但作为识别者的用户是多样而复杂的，既有下里巴人，也有阳春白雪；既有实用主义者，亦有理想主义者。基于用户的差异，设计通识性并不应一味地只强调信息传输的正确，更需要信息表述的高效，而高效的信息必然包含着揣摩、研读与体会等后续附加效应。产品形态设计工作犹如文章的撰写，平铺直叙固然简单明了、一眼即明，而百转千回却更富余香缭绕、回味悠长（图5－7）。

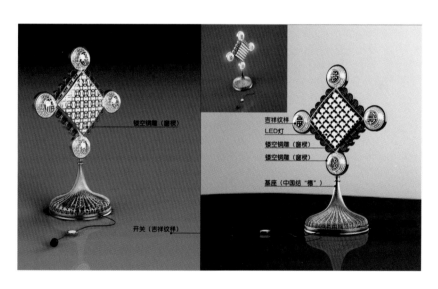

图5－7 "铜"心"铜"节——灯具设计

2. 趋同与个性原则

在产品形态设计中，产品形态各要素依托设计通识性达成产品形态的建构，是格式塔心理学同构理论与系统论观点的彰显与体现，而同构理论与系统论观点便意味着，在特定时空内，同类产品的不同个体之间在形态要素上应具有一定"共性"与"关联"特质，即不同个体的同类产品在形态表象与内涵上呈现出"趋同"的特性。

比如，特定时期内的苹果、三星和索尼的手机造型，虽在细节上些许差异，但总体上却表现为异曲同工（图5-8）。同时，根据马斯洛需求层次理论，人的需求是多样的，且呈现出由低到高、由简到繁的发展趋势。因此，在一定程度上，由设计通识性形成的产品形态"同质化"现象，与人需求的特质（特别是高级需求）是相悖的，个性需求是产品设计形态架构必须给予关注的问题。基于此，设计通识性在给予产品形态"广义"设计价值与意义的同时，亦应关注设计通识性"度"的把握。我们应该认识到这种"趋同与个性"的矛盾恰恰是构成产品形态设计及其行为应具有通识性的依据之一。设计通识性达成的"趋同"是以满足"个性"为前提的，作为用户个体的良性设计认知是实现"群体认知"的必要条件。而无论是趋同还是个性的设计需求，均需要产品形态设计活动针对性的通识举措，方能予以成型（图5-9）。

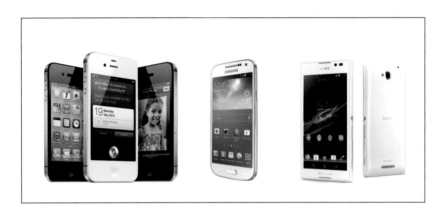

图5-8　同一时期的苹果手机、三星手机、索尼手机

图5-9　索尼Z3手机设计

3. 一致与能动原则

设计通识性是以设计及其行为系统各因素达成相对一致的认知为目标。这种"一致"包括设计模型与系统理想模型的一致、设计模型与用户模型的一致以及设计行为与环境系统的一致等，强调的是设计信息在自始至终传输中的"认知保真性"。在设计实践中，产品形态设计信息在设计行为各因素之间传输过程中发生和出现一定的嬗变、转型与异构，均是可以理解与接受的，是设计行为系统应存在的正常、合理现象。这种设计信息传示的"偏离"并非设计通识性之过，而是系统中主体"人"的能动性与创造性使然。同时，需要注意的是：在产品形态设计实践中，一味、过度地诉求设计信息传示的一致性，必然会在一定程度上忽视人的"高级需求"，抹杀来自自然和社会的"修订"与回馈效应。何况，作为设计者，我们是无法确认设计模型的"绝对健康"和"良性导向"，应理解和允许设计系统中"不同声音"的存在。菲利普·斯塔克不会想到他设计的 Juicy salif 柠檬榨汁机，更多的不是被用来"榨汁"，而是被用来表述"情感"和"品味"。1929年巴塞罗那世界博览会上，为欢迎西班牙国王和王后设计"巴塞罗那椅"的德国现代主义设计大师密斯·凡·德·罗也不会断定，该设计作品日后会成为现代主义设计的"标杆"，时至今日，已然发展成一种创作风格。

产品形态设计及其行为是为了满足人、社会与自然生态需求而发生与存在的，达成的是一种"供与求"的平衡关系。在"供"与"求"的平衡中，依托与采用设计通识原则是构建这种"平衡"的手段与方式之一。产品形态设计通识原则是产品形态设计及其行为系统各因素均应具有的属性与特质，它关注的是如何形成系统各因素的有效"关联性"，以及由"关联性"达成的系统综合表征，而非是各因素个体或局部间"平衡关系"的实现（图5－10）。

图5－10　开瓶器设计（"液滴"与"开瓶"具有功能关联层面的通识关系）

5.2 契合原则

5.2.1 设计契合的内涵

作为一种哲学方法，契合法是由英国哲学家约翰·斯图尔特·密尔（图5-11）最先提出，它是探求现象间因果联系的方法之一。其思想要旨为以异中求同、求同除异的方式，达成不同对象因素的一致结果（结论）。在中国汉语中，"契合"有三种解释：一是投合，意气相投；二是符合，匹配；三是结盟，结拜。与之相对的英文翻译为：一是 agree，get along；二是 fit，match；三是 form an alliance，ally。

图5-11 英国哲学家约翰·斯图尔特·密尔
（John Stuart Mill，1806.05—1873.05）

现代设计的对象已由"物"转变为"事"。依循设计事理学，"事"特指在某一特定时空下，人与人或物之间发生的行为互动或信息互换，是塑造、限定、制约"物"的各种内外因素的总和，是一个系统。同时，"事"是一个"关系场"，可以看到"物"存在合理性的关系脉络。"事"的设计离不开"事"各构成因素间有效而正确的"沟通"和"认知"，而"契合"正是这一"关系场"得以架构的重要方式与方法之一。换言之，设计行为的实质和目标之一便是构建"事"的各项对象因素间的"契合"关系。以"契合"的理念与方式进行"事"的设计，其实质是将"契合"作为设计"事"的指导思想、工作方法与达成目标的价值取向，它所解决的是设计诉求与满足诉求的"问、答"对应关系，实现的是"事"的平衡与良性态势（图5-12）。在设计实践中，设计契合性涵盖了设计理念契合、设计方式契合及设计状态契合等三项内容。其中，设计理念契合是指设计"事"所包含的各个对象因素在观念、思想上的"相投"与"一致"；设计方式契合是指如何协调、整合"事"里的各个对象因素，使其得以"符合"与"匹配"，进而实现"事"的有机、有效架构；而设计状态契合则是指使"事"及"事"所涵盖的对象因素达成"结盟"与"一体"的态势。

5.2.2 产品形态设计的契合原则

产品形态设计的契合原则是指经设计、架构的产品形态应与产品设计的"事"取得契合的诉求。根据事物多样性原理，使"事"得以"成事"的方式与方法众多。在"事"的关系场中，产品设计形态与设计理念的契合，达成的是"表里如一"与"言行一致"；产品设计形态与设计方式的契合，达成的是"协调统一"与"物尽其用"；产品设计形态与设计状态的契合，达成的是"志同道合"与"合情合理"（图5-13）。

图5-12 轻松融入现代家居环境的"Boneco电风扇"

图5-13 "留影"公共座椅设计，强化了人、机、环境的和谐统一

产品形态是一种依存美。在产品形态设计中，形态是功能的载体，功能是形态存在的基础，二者之间存在着一定的关联与互动关系。产品形态的契合需要以产品功能的价值体现为依据与指导，而产品功能的契合需要与之具有映射关系的产品形态为载体予以物化与依托。因此，在产品形态设计中，契合原则的核心问题有两个：一是基于物象构成方法的产品形态契合；二是依托功能互动关系的产品形态契合。

1. 基于物象构成方法

就产品形态的物象而言，产品形态设计的契合是指根据设计理念及"事"的基本功能要求，依据产品语义学构建的与之相对应的产品形态；同时，通过统一、协调等美学法则，使创造出来的产品形态相互契合，互为补充，使各自独立的形态通过"契合"形成新的统一体。其内容包括产品形态与设计理念的契合、产品形态构成元素间的契合、产品形态与功能的契合、人及环境的契合等。以形态的"形"的契合为例，形的契合设计是指以契合的方式来处理构成形态的单体、整体及其关系，它来源于平面图形的"共线共形"设计手法（图5-14、图5-15）。该种手法在立体形上演变成为"共面共形"。其典型的代表是中国古代建筑中的榫卯结构和玩具中的鲁班锁（图5-16）。从形构成的特征来看，契合形是由单体"契合"而成的整

图5-14 卢宾（Rubin）反转图形图

图5-15 太极图

图5-16 鲁班锁

体，单体之间往往存在着"凹"或"凸"的配合关系，类似于中国传统文化中提出的阴阳关系、虚实关系，构成的是既对立又统一的矛盾统一体。两种对立的势力相互抗衡，同时又相互融合，统一于整体之中，产生"阴阳互补，虚实相生"的哲理意蕴（图5-17）。

图5-17 公共卫生间设计

2. 依托功能互动方法

根据产品功能与形态的关联与互动关系，产品形态契合关系的达成与产品功能的组成和构成方式存在着一定的联系，是产品功能契合在特定意义上的物态呈现。产品功能契合是指根据产品设计理念给予产品的功能诉求，依托产品形态的对应与适宜性架构，按照功能的主次、先后或频率等因素，设定功能的实施方式、位置布局、逻辑流程等，使构成产品的各功能模块由相对的独立、分散转化为整合与优化状态，进而提升产品及产品设计的功效（图5-18）。产品功能契合主要处理对象包括功能与理念的契合、功能模块间的契合、功能与形态的契合、功能与人及环境的契合等。产品功能是设计"关系场"得以存

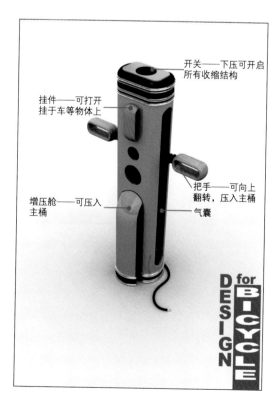

图5-18 便携式打气筒设计

在的基础，是"事"达成的关键环节，是"事"中各个对象因素形成"关系"所必需。一般意义而言，产品功能包括物质功能与精神功能两个主要内容。在进行产品功能的契合设计时，功能模块间、功能与形态的设计活动涉及了功能的"效率""便利"等方面，属于物质功能的契合设计；而产品功能与理念、人及环境的设计活动则与"心理""体验"相关，属于精神功能的契合设计范畴。值得注意的是，产品功能的契合设计不仅是针对已有的对象功能，其行为的结果往往会拓展、突破已有的对象功能范畴，延伸与衍生出更多的功能外延，甚至是新功能（新设计），尤其体现于精神功能领域的契合设计。以DIY设计为例，DIY设计是人们依托现有的素材（特定的物质功能模块），根据自身的需求所进行的"设计"活动。由于契合的对象差异，特定的产品物质功能会以"差异"的"形式""方式"与"效应"得以展现，这个"差异"便是精神功能的契合使然，如手机的机壳、主题、模式等DIY设计（图5-19）。

图5-19　iPhone超薄时尚保护外壳

5.3　美学原则

一个优良的产品，除了其使用功能备受人们关注外，富于韵律的动势、婀娜多姿的样式、意涵丰富的形式等，同样能牵动使用者的好恶和情感，形成美的认知。产品形态设计的核心是一种创造行为，一种解决问题的方式，与绘画、雕塑等其他艺术门类一样，美学属性是产品形态的主要特征之一。而与其他艺术形式的不同在于，产品形态体现的美学属性是为产品服务的，是产品设计的重要内容之一，属于设计美学范畴。产品形态设计的美学内涵包含三个意涵层面：一是"新"。设计要求新、求异、求变、求不同，否则设计就不能成为设计。而这个"新"有着不同的层次，它可以是改良性的，也可以是创造性的。二是"合理"。一个设计之所以被称为"设计"，是因为它解决了问题。设计不可能独立于社会与市场而存在，符合价值规律是设计存在的直接原因。三是"人性"。归根到底，设计是为人而设计的，服务于人们的生活需要是设计的最终目的。当然，设计之美也遵循人类一些基本的审美情趣和取向。对称、韵律、均衡、节奏等，凡是我们能够想到的审美法则，似乎都能够在设计中找到对应的应用。设计的美学内涵与价值取向决定了设计师有别于纯粹的艺术家和工程师，注定了他们的命运就是"戴着镣铐而舞蹈"（图5-20）。

在日常生活中，美是每一个人追求的精神享受，我们身边任何一件有存在价值的事物都必定具备合乎逻辑的内容和形式。在现实生活中，由于人们所处经济地位、文化素质、思想习俗、生活理想、价值观念等不同而具有不同的审美观念，然而单从形式感（形态美）来评价某一事物或某一视觉形象时，大多数人对于美或丑的感觉与认知还是存在着一些基本相通的共识。这种共识是从人们长期的生

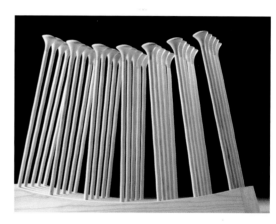

图5-20　坐具设计

（丹麦设计师杰克·本森作品，富于设计美学属性）

产、生活实践中积累的，它的依据就是客观存在的美的形式法则，就设计而言，我们称之为设计形式美学法则。了解、认知设计形式美学法则，运用和依循设计形式美学法则进行产品形态设计，是实现产品形态设计取得良好"预期"应遵循的重要原则之一。

5.3.1　比例与尺度

无论是基于语构学理论、毕达哥拉斯学派"数是万物的本原"的主张，还是中国《礼记·乐记》中"人心之动，物使之然也"的"以类相动"思想，严谨且富于逻辑的设计思想和可以量化的设计表征理应成为现代设计依循的原则，同时也是用户验证、评价设计的策略和指标之一。在产品形态设计中，比例与尺度控制的是形态各部分之间、部分与整体之间及整体的纵向、横向之间的尺寸关系。比例与尺度的含义有三个层面：一是指产品自身构成元素的比例与尺度关系；二是指产品与人之间的比例与尺度关系；三是产品与其工作的物理及人文环境间的比例与尺度关系。

1. 比例

在人类文化历史进程中，通过长期的审美实践、体验和积累，有许多比例被人们赋予了特定的意涵，并作为美学成果被认知、固定、继承下来。关于比例，我国古代画论中就有"丈山、尺树、寸马、分人"的说法，还有"远人无目、远水无波"的论述。在西方，"黄金分割"被认为具有相当高的美学价值，广泛应用于古希腊的巴特农神庙和法国埃菲尔铁塔等建筑的建造中。在今天，人们越发地体会到和谐的数值与自然界之间存在着微妙的关系。建筑理论家托伯特·哈姆林（Talbot Hamlin）说："取得良好的比例，是一桩费尽心机的事，却也是起码的要求。我们说比例的源泉是形状、结构、用途与和谐，从这一复杂的基本要求出发，要完成好的比例，不只是一个在创作体验中鉴别主次并区别对待的能力问题，而且也是一个要煞费苦心进行连贯研究、实验才能得到结果的问题，经过不断地调整，最后才能得到一个优秀而又和谐的比例。"在设计实践中，常被予以运用的比例有黄金率、等差级数、等比级数、斐波那契级数、调和级数等（图5-21、图5-22）。

图5-21 Arborism是一件带有树形腿的家具。支腿的形状源自分形图形"分形树"，该分形图在数学上模拟了树的生长模式。作为反映实际物体逻辑的设计，它自然地与周围环境融为一体，就好像它是大自然的一部分。除了本能地再现其结构的自然美外，还考虑到其精致的人机属性，实现了其形式和功能完美统一

图5-22 叶轮拔风——空调设计
（两个主要部分的体量是以"黄金比"予以构成）

2. 尺度

因产品是会与人发生直接或间接关系的，所以人的生理与心理等尺度就成为产品形态尺度设置的基础与圭臬。在产品形态设计中，尺度的概念不仅指形态的物理尺度，还包括色彩数值与材质粗糙度等对象。由于涉及具体的物象，尺度与尺寸便是两个无法回避的问题对象。尺度与尺寸是两个完全不同的概念。在产品设计中，尺寸是绝对的，它是指产品形态在三维空间的长、宽、高等具体客观数值；而尺度则是相对的，它是指产品整体与局部的大小关系，以及周围环境与人之间的适应程度等（图5-23）。

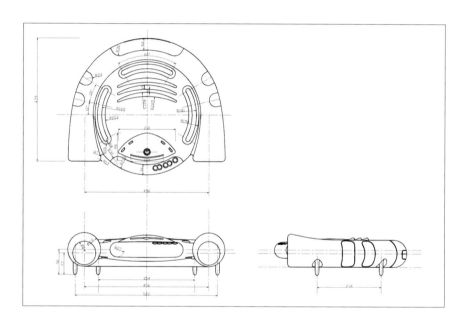

图5-23　音箱尺寸设计

在产品形态设计中，比例和尺度的关系非常密切。在任何产品设计中，首先要确定的是产品的尺度，再推敲出适当比例，在此基础上，可根据人机工学提供的尺寸范围，依据具体使用对象、使用环境和方式、使用目的来确定具体的尺寸。

5.3.2　对比与调和

对比与调和，是建立在统一与变化基础上的一种美学规律。在美学体系中，各种对立因素之间的统一被称作对比，如线的曲直、粗细，色彩的纯度高低、色相冷暖等；而各种非对立因素之间的统一则被称作调和，如色彩的红与橙、绿与蓝等。在现代设计中，对比与调和可表现在形、色、质和纹样、体量等各个方面。在产品形态设计中，因为对比极大的相异性、强烈的视觉冲击与思维对抗性，所以它常常可以使形态变得活泼、生动而个性鲜明；而调和因强调非对立、一致性，则使形态呈现出协调、稳定和柔和的品质。对比是强调差异，而调和是协调差异。设计者需高度重视对比与调和关系的遵循与运用，以取得良好的形态效果。常见的对比与调和处理手法包括：

1. 线形的对比与调和

对于产品形态的架构，在确保产品主体风格一定的前提下，往往在局部运用与主体线形风格相差异的线形，以此来打破形态线形过于单一、调和的局面，从而使形态变得生动、富于变化，给人以鲜明、强化的语义传示。一般而言，构成产品形态的线形，常以一种线形出现，其他线形的量以适度为宜，即以线形的调和为主，对比为辅（图5-24）。

2. 形状的对比与调和

形状的对比与调和有多种方式，一般是通过调整和改变形状的大小、方向或位置来实现，如方与圆、虚与实、曲与直、大与小、繁与简等形式的对比与调和。视觉层面的主辅关系及功能层面的效率诉求，是形状对比与协调的主要依据原则（图5-25）。

图5-24　自行车概念设计　　　　　图5-25　"乐声回响"音响设计

（设计以"圆号"为素材原型，通过
"铜管"的曲直、大小及方位变化诠释
着产品的功能属性）

3. 体量的对比与调和

体量对比与调和是指构成形态的各个部分（有比较明确分界线）之间体积与分量的对比与调和关系。在形态设计中，体量对比与调和的"质量"将直接影响到产品基本形态的布局与最终状态的呈现。按照设计理念的诉求，凭借体量对比，可使各部分互为衬托、大小相宜、重点突出、精致生动；而通过体量调和则可令形态趋于"整体",避免各构成部分的凌乱与无机态势。在设计实践中,体量对比与调和的处理对象方式主要包括虚与实、凹与凸、厚与薄等(图5-26)。

4. 材质的对比与调和

产品形态的构建离不开具体材料的选择与使用。天然材料具有贴近自然、朴实的属性,人工材料则突显人的存在与创造力;粗犷的材质显得稳重有力,细腻的材质传示坚实庄重,光亮的材质彰显华丽轻盈……在产品形态设计中,材质的对比与调和是指通过不同材质的使用,充分利用不同材料的属性、特征及其语义内涵来组织、表述产品特性,是常见的设计工作方法与思维方式(图5-27)。

5. 色彩的对比与调和

产品形态的色彩既可是使用材料的自身表现,亦可通过喷涂、转印等工艺形成。在设计中,人们常用色彩的纯与浊、明与暗、冷与暖等因素的对比与调和来进行形态语言表述。合理地运用色彩对比与调和手法,对色彩的面积、色相、明度、纯度等进行恰当处理,能够起到阐释形态属性,突出设计要旨的目的。对于色彩对比与调和手法的运用,一定要在"构筑"对产品功效、使用对象、使用环境等充分了解的前提下,否则只能弄巧成拙、欲速不达(图5-28、图5-29)。

图5-26 净化器设计

("圆形"与"矩形"的对比,强化了功能界面;"矩形"中的"圆形要素"使之与整体相调和)

图5-27 ROOT空气净化器、除湿器组合设计

(不同的材质,有效地"区分"了功能界面)

图5-28 A600蓝牙NFC便携音箱设计

（不同的色彩，满足了不同的用户需求）

图5-29 饮水机设计

（不同的色彩，标明了"功能区"的不同属性）

图5-30 风琴——音响设计

5.3.3 节奏与韵律

1. 节奏

节奏是自然界普遍存在的一种自然规律，如昼夜的交替、春夏秋冬的循环、大海的潮起潮落、人心脏的搏动等，所有一切都表现为一种节奏规律。节奏是一种动态形式美的表现，它是一个有秩序的进程，是一种条理性、重复性、连续性的律动形式，反映了条理美、秩序美。从构成上看，节奏一是表现为视觉移动所需时间的过程；二是表现为力的强弱、大小。在产品形态设计中，节奏表现为一切元素的规律呈现（图5-30），将产品形态中的点、线、面、体排列为有秩序、有规律、连续的或间断的重复出现，即使是静态的产品，由于元素排列的间隔形成的视觉移动顺序，在人的视觉中也会产生出节奏美感。

2. 韵律

对于韵律，"韵"是一种美的音色，"律"则是规律，它要求这种美在严格的旋律中进行。音乐之所以悦耳动听，是因为音乐具有强弱、长短、缓急、轻重的交替重复所形成的节奏和韵律美。节奏与韵律存在密切关系，节奏体现了理性美，韵律着重表现情感美；节奏是韵律的前提，韵律则是节奏的艺术性的深化。在产品形态设计中，韵律的作用在于使形式产生一种只可意会不可言传的情趣和意味，激发和丰富人们的想象力，引起人们视觉上的快感（图5-31）。

图5-31　"音乐"家具设计

需要说明的是，只有当产品形态所表现出来的节奏和韵律与人的生理、心理的对应诉求产生契合和共鸣时，这样的形态节奏、韵律才会给人以和谐与愉悦。因此，恰当、准确、适度地把握与处理这种微妙的关系，是产品形态设计取得成功的关键因素与重要原则之一。

5.3.4　对称与均衡

对称与均衡存在内在的联系，对称是均衡形式中的一种特例，是最简单的均衡形式。对称与均衡是人类最早发现和运用的美学法则之一。在远古时代，古代先民就发现了自然界中一个奇妙的现象，即动物体型和植物叶脉的对称现象，所以俄国思想家普列汉诺夫说："欣赏对称的能力是自然赋了我们的。"

1. 对称

对称主要是指上下、左右、前后等双方在布局上的等量。对称可划分为轴对称与回转对称两大类，其中，以线为对称轴的对称形式有两种，一是镜面对称，二是错位对称。如蝴蝶、蜻蜓等昆虫的身体都是典型的镜面对称形式，而在植物界中，错位对称和镜面对称的树叶则随处可见。回转对称也有两种，一种是围绕着一个点回转形成的对称，如自然界中的冰花；另一种是围绕一个封闭的圆回转形成的对称，如向日葵

图5-32　收纳器设计

图5-33　"圆周"空调设计
（上"环风口"与下"环支架"
形成了视力距均衡）

等。对称的形式给人一种条理、秩序与恒定的感觉，但也容易导致单调与呆板，设计中如果对称法则运用得不够巧妙，就会失去它应有的美感效应（图5-32）。

2. 均衡

均衡是指上下、左右、前后等双方在布局上的等质，即双方不一定对称，没有等量感。均衡比对称有所变化，它在静中趋向于动，克服了对称单调呆板的缺陷，显得活泼而富有生气。根据格式塔心理学，物体之间的组合最终会形成一种"力的图式"。均衡是空间物体达到平衡总的概括，均衡"力的图式"能给人以美感，是人在审美过程中所获得的生理的与心理的力的均衡，是产品形态设计中最为常用和重要的设计技法与遵循原则之一。在产品形态上均衡，一是依托构成产品部件组合的视力矩法则的运用；二是通过色彩、肌理、装饰的协调处理，以及界面的重新分割，造成视觉的均衡感（图5-33、图5-34）。

图5-34　咖啡机设计
（侧面的"黑色机体"与内部"黑色台面"
达成了色彩均衡）

5.3.5 主从与重点

当主角和配角关系明确时，心理也会安定下来。如果两者的关系模糊，便会令人无所适从，所以主从关系是产品形态设计中需要考虑的基本因素之一。在产品形态设计中，视觉中心是极其重要的，它标明、指示着产品的核心价值与主要功效取向。人的注意力要有一个中心点，这样才能造成主次分明的层次美感，这个视觉中心就是设计的重点。

在产品形态的设计实践中，主从与重点原则可表现为内与外两个层面，其中，"内"主要体现为围绕某个主题、循证某门学理、基于某项技术、依托某种结构等；而根据"内外协调统一"普适与共识的设计要旨诉求，"外"会依循表征为形、色、质等要素的相对"主次"性呈现，具体体现：产品形态往往以某个"形"为基础，因循"内"的需求，进行切割、贯穿、叠加等"修形""组形"与"变形"等"加、减、补"处理工作；而作为与"形"如影随形的色、质等要素，亦会相对独立或辅助、强化性地以类似的方式发挥着效应（图5-35）。

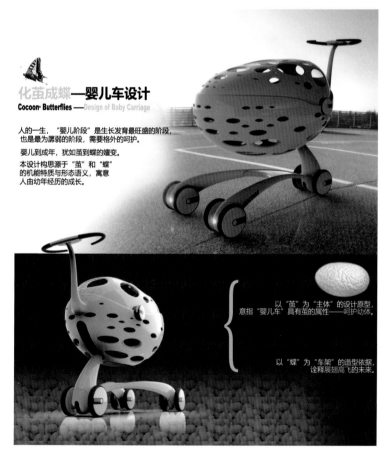

图5-35 化茧成蝶——婴儿车设计（以"蚕茧"的"椭球形"为形态的"主形"；以"蚕茧"的白色为形态的"主色"；以"碳素纤维"为形态的"主材"。产品形态的设计主旨是这种形态表征"主次设定"的重要依据与渊源）

5.3.6 过渡与呼应

1. 过渡

在产品形态设计中，过渡是指基于人的生理、心理和一定的生产工艺诉求，通过采用某种形式（逐渐演变的形式），将构成产品形态的不同形状联系起来，使其相互协调而成为一个整体，在满足特定生产工艺的同时，达成形态各部件间、形态与人之间和谐美的设计效果，避免了简单、生硬的组合处理与视觉观感。常见的过渡形式有自然过渡和修棱过渡两种（图5-36、图5-37）。其中，自然过渡可分为光滑过渡和渐变过渡；修棱过渡则可划分为局部修棱与全部修棱。需要明确的是，过渡的使用应把握一定的"度"：过小的过渡，感知与工艺效果不够显著；过渡过大则会产生臃肿、绵软之感。因此，过渡的使用与把握应遵循恰当、适用与实用的原则。通过形态适度的过渡处理，能够有效地弱化产品形态的棱角分明、坚硬锋利之感，形成饱满圆润、柔和自然的视觉与心理感受，提升产品与人的亲和力，既能满足工艺要求，又能取得和谐的形态效果。

图5-36　雨伞沥水机设计　　　　　　图5-37　激光水平仪设计

2. 呼应

一般而言，相对于建筑、园林等设计，产品设计的对象体量尺度较小，信息量也相对单纯而明确。因此，一个产品的形态要素是不适宜过多、过繁的。呼应是指在处理产品的各个不同部分形态时，应尽量采用同一形态要素进行构建，从而使其取得一定整体与一致感知的设计手法。这种形态的认知与处理方法同"主从原则"具有相近的视觉、心理及价值考量。在产品形态设计实践中，经常在形体的某一个方位（上下、左右、前后）上对应部位处，运用相同或相似的元素（形、色、质等）进行呼应处理，以取得产品各部分之间的"关联"性，使整体形态获得和谐、均衡、统一的整体效果。这种手法与原则常用在成套、系列产品的设计中。常见的呼应方式包括形制呼应、色彩呼应与质料呼应等（图5-38、图5-39）。

图5-38 厨房系统设计

5.3.7 比拟与联想

比拟是一种文学上的辞格，就是把一个事物当作另外一个事物来描述、说明，能获得特有的修辞效果：或增添特有的情味，或把事物写得神形毕现、栩栩如生，抑或抒发爱憎分明的感情等。在设计美学当中，它与联想密不可分。所谓联想，是指人们根据实物之间的某种联系，由此及彼的心理思维过程，常

图5-39 系列收纳器设计

表现为由于某人或某事物而想起其他相关的人或事物，或由于某概念而引起其他相关的概念。联想是联系眼前的事物与以往曾接触过的相似、相反或相关的事物之间的纽带和桥梁，它可以使人思路更开阔、事业更广远，从而引发审美情趣。基于认知心理学，比拟与联想都属于人的类比认知心理活动，它们既可以构成设计者设计创意的激活点、兴起点，进而形成设计所需的"灵感"，也是说明这种"灵感"合理、合情的"因由"，更是用户有效解读、认知设计对象的重要思维方略之一。根据符号学的相关理论，比拟与联想可依循文学的明喻、暗喻、隐喻、借代等修辞方法和方式予以理解与运用。

需要注意的是，对于产品形态设计而言，既然涉及人"以物及物、以事及物"的

思维方式、途径与结论，那么思维的逻辑性、规则性、常规性及合理、健康导向等就成为问题的"焦点"。作为构成产品形态设计系统中的"人"要素，一种希冀的情形是设计者与用户的思维均应是正常的、理性的，否则便会得到扭曲的、翻转的与节外生枝的"结果"。而这种看似非正常、非理性的思维及结果，若给予巧妙的利用与引导，有时亦可转化为产品形态设计的一支"奇兵"与一条"蹊径"，进而成为设计可以依循的原则。在设计领域，常见的方式、方法主要包括幻觉和错觉的把控与运用。

首先，幻觉是指没有相应的客观刺激时所出现的知觉体验，其内容可丰富多样，形象可清晰、鲜明和具体，但有时也比较模糊。按幻象是否活动或内容是否改变，可分为所谓的"稳定性幻觉"和"舞台样幻觉"两类，前者形象不活动，后者则如舞台和电影形象那样活动而多变。幻觉是一种主观体验，主体的感受与知觉相似。视觉心理中存在着这样一个公理：期待创造幻觉（图5-40、图5-41）。

其次，错觉是在特定条件下产生的对客观事物的歪曲知觉。幻觉与错觉不同之处在于前者没有客观刺激存在。幻觉产生时，并没有客观刺激物作用于当事人的感觉器官上；而错觉的产生，不仅当时必须要有客观刺激物作用于当事人的感觉器官上，而且知觉的映象性质与刺激物是一致的。一言以蔽之，就是"错觉是一种错误的感知觉"；而幻觉，则是"一种虚幻的不存在的感知觉"。在设计过程中，对错觉的处理可采用两种方法：一是防止错觉；二是利用错觉。防止错觉就是在设计中，为了避免错觉的发生，需要对容易发生错觉的部分进行必要的技术性处理。利用错觉则是"将错就错"，以达到更好的视觉效果（图5-42、图5-43）。

图5-40 梦幻的巾桌
（丹麦Essey设计公司设计）

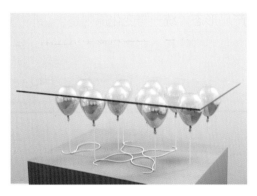

图5-41 Duffy伦敦的气球咖啡桌设计，
带来强烈的视觉震撼效果，感觉像在"飞"

图5－42 椅子设计

（这款椅子"支离破碎"的视觉印象会令人"错误"地解读为"垃圾"。实则，透明的"丙烯酸盒子"才是它的实用功能"要件"）

图5－43 Cut－Chair

（美国设计师彼得·布里斯托尔在地毯中隐藏了稳定用的钢板，将剩下的那条腿紧紧地扣在钢板上面，从而能牢牢地支撑起全部的重量。当然，前提是你能克服心理上的障碍，安之若素地坐上去）

5.3.8　统一与变化

统一与变化又称多样统一，是形式美的基本规律。任何物体（形态）都是由点、线、面、三维虚实空间、颜色和肌理等元素有机组合而成的整体。统一是寻求各元素之间的内在联系、共同点或共同特征，即元素共性；变化是探寻各元素（部分）之间的差异、区别，即元素个性。没有统一，形态会显得杂乱无章、无序无机；没有变化，形态则会呈现僵化乏味、无神无韵。产品形态在客观上普遍存在着统一与变化的因素，设计者应巧妙地理解、应用与处理这一关系，以取得整齐、秩序而又不致单调、呆板，丰富、跳动而又不致杂乱、无序的产品形态。统一与变化原则是一切形式美的基本规律，具有广泛的普适性和典型性。需要说明的是，在产品形态设计中，统一是基础，是达成产品"整体面貌"的前提；变化是辅助，是实现产品具有"活力面貌"的必需。在产品形态设计中，常见的统一与变化内容包括：

1. 线的统一与变化

产品形态中没有绝对几何学意义上的线，这里所说的线主要是指形体转折、交接、相贯形成的"线"，也包括相对于"面、体"体量较小的"型"或由多个形体经视觉完型连接的"线"等。产品形态设计中，线条的统一给人以规整、伸展的美感，但过分的统一示人却又有单调、枯燥感。若把构成形态的线条按照美学法则适当改

205

变，其结果就会改观显著。例如，按照一定规律改变线的走向，按照一定方法改变线的长度，按照一定规律改变线之间的空隙，按照一定比例改变线的宽窄，将直线变化为曲线等（图5-44）。

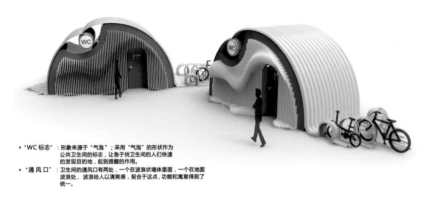

- "WC标志"：形象来源于"气泡"，采用"气泡"的形状作为公共卫生间的标志，让急于找卫生间的人们快速的发现目的地，起到提醒的作用。
- "通风口"：卫生间的通风口有两处，一个在波浪状墙体里面，一个在地面波浪处，波浪给人以清爽感，契合于这点，功能和寓意得到了统一。

图5-44　海滨公共卫生间设计

2. 面的统一与变化

产品形态由面围合而成，面的形状、大小、宽窄、方向、位置，以及面的平、曲变化等不同的组合和变化，可以产生统一中的各种变化美感。当产品外形由多个平面构成时，调整面的面积和形状，使其具有相同的比例和曲率或保持相同的质感，也可以达到效果统一的目的（图5-45）。

DESIGN OF
FAST CHARGING STATIONS

图5-45　充电桩设计

3. 体的统一与变化

体的统一与变化是指在产品整体形态中综合"经营"点、线、面等元素，从三维空间的角度，利用形、色、质等差异变化取得产品的生动视觉效果。在实际的产品形态设计中，根据设计定位，可以采用变化的某一元素，统一产品形态的各个分体。在系列成套产品的形态设计中，要特别注意寻求各个具体产品之间统一要素与相近"体"的构建，以确保产品"套"的概念；更要关注各个产品之间"变化"的把握，以明晰各个产品的"特性"（图5-46）。

4. 色质的统一与变化

这里所说的色质包括了构成产品形态材料的色彩与质地两个方面。作为构成产品形态的必要部分，产品形态的任何线、面、体等元素的构架均离不开色、质的"参与"，它是决定形态是否达成统一与变化的重要因素。在实际产品形态设计中，色、质的统一与变化可依循的原则：产品大面积的色、质要与其功效相适应；与产品大面积色、质形成对比的成分不宜超过5%；产品的色、质构成不宜超过三种；当产品的色、质在两种以上时，其色、质最宜为近似或协调状态（图5-47）。

图5-46 系列厨房用具设计

图5-47 空气净化器设计

5.3.9 风格与流派

1. 风格

风格即风度品格。作为设计概念，风格是指设计作品在整体上呈现的有代表性的面貌或表象。风格不同于一般的设计特色，它是通过设计物所表现出来能够反映时代、民族或设计师的思想与审美等相对稳定的内在特性。其本质在于设计师对审美独特鲜明的表现，有着无限的丰富性。风格的形成是时代、民族或设计师在设计上超越了幼稚阶段，摆脱了各种模式化的束缚，从而趋向或达到了成熟的标志，如现代主义风格、后现代主义风格、斯堪的纳维亚风格、中式风格与日式风格等（图5-48、图5-49）。

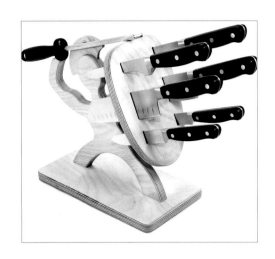 

图5-48　系列餐具设计，兼具了斯堪的　　　图5-49　现代主义风格的水壶设计
　　　　　纳维亚与后现代主义风格

2. 流派

在学术、文艺方面具有独特风格的派别称为流派。在设计领域，流派是指在中外设计的一定历史时期里，由一批思想倾向、设计主张、设计方法和表现风格相似或相近的设计师们所形成的设计派别。比如，现代主义风格的高技派、白色派、极简派，后现代主义风格的解构派、装饰派、调侃派等。

对于产品形态设计而言，一定的产品形态风格可以源自不同的流派，如腕表的设计既可以是基于高技派理论的结果，亦可为装饰派思想的彰显；同时，特定的产品形态流派亦可呈现为差异的风格，如极简派的家电可以具有现代主义风格，也可以拥有后现代主义风格的表征（图5-50、图5-51）。基于风格与流派的代表性、独特性、群体性等特质，无论产品形态是因循何种流派，还是寻求何种风格的呈现，都会令其能够有效地减少误判、高效地获得受众、倍增地提升价值。因此，在产品形态的设计架构中，风格与流派既为设计工作提供了有益的思维脉络、明晰的表象特征，也为用户给予了审视与考量的维度和标准，是产品形态设计需要关注的原则指向。

图5-50 宝格丽Ivcea tubogas镂空腕表
（现代主义风格高技派与后现代主义风格装饰派的"混搭"）

图5-51 自来"乐"音响设计
（开启音乐，如同打开了"水龙头"
——充满了戏剧性的调侃味道）

5.4 视知觉原则

就物质型产品而言，产品形态作为其给予用户的第一视觉印象实体，它既是产品内、外各项属性可观、可触、可感的物质载体与显现形式，亦是产品与用户、环境进行"物与人""物与物"信息交互、能量转换的直接介质和依托对象，具有表现、传示与意指等类语言的属性特质、表征呈现与价值效应。根据产品形态"形"与"态"的辩证统一体及语言构成的认知，产品的"形"是指产品的点、线、面、体、色、质和动作、程序等可视、可触要素，在人的视觉经验中形成的一种组织意象和结构显像，可类比于语言的物质外壳（符号）；产品的"态"则是指蕴含、彰显于产品"形"表象下的机能、品质与意涵等可感、可悟对象，经人的知觉效用产生的一种整体认识，可视作语言的内涵寓意（语义）（图5-52）。

根据知觉心理学家鲁道夫·阿恩海姆的视知觉理论，产品形态作为产品重要的视觉刺激物与综合感观的物质对象，用户对于产品及其设计的诸多属性信息可通过产品形态的视觉途径和方式获取，而对于产品概念、功效、意涵等

图5-52 水壶设计
（水壶的"形"充分说明其功能属性与区域划分）

209

内容的体会、感受与认知，则可源于其视觉的知觉回馈。鉴于产品形态的表象、特质及价值等与人视知觉的密切关联性，产品语言可诠释为一种具有视知觉属性的语言，即产品语言能以给予用户的视觉途径、方式，展现、释义产品的特性和意涵，并以视觉的知觉效应为"动力"，引导、规划用户的接续行为。由此，在针对这种特殊类型语言的设计中，产品语言的视觉形式及其知觉内容应为工作的主要对象与切入点：一则，产品形态设计需要充分考量、推敲产品内在各项属性的外在视觉显现方式与形式，以期在满足"内外协调"基础上，达成"设计信息"的有效、高效传示。基于产品语言的符号属性，该设计行为可诠释为产品"形"各要素的语构学和语义学认知与架构（语法、修辞等）；二则，产品形态设计需要关注和重视产品形态视知觉特质的创设，以对应或契合的策略、方法，择取、营造产品形态，其行为的语言学释义可理解为语用学的体认和践行。而产品形态及其设计的内容与价值则可解读为产品的视知觉"表征"几何、视知觉如何"架构"；与其他语言"区别"所在、何谓产品语言等（图5-53）。

图5-53　EZ-ultimo汽车设计

依循李砚祖教授的人造物理论，造物是指人工性的物态化的劳动产品，是人类应用一定的材料及相关技术，为生存和生活需要而进行的物质生产。而根据德国美学家马克斯·本泽的观点，人类造物可根据物质属性的差异划分为技术造物、设计造物和艺术造物三类。产品作为与人类日常生活关系最为密切的物类，它既具有技术造物的预期性与确定性，亦具备艺术造物的灵活性和变通性，其各项属性与特征是介于技术造物与艺术造物之间，从属于人类的设计造物。对于产品如此叠加与复合性特质，其形态语言及其设计行为必然拥有和表现出相对特性的视知觉表征与营造方式，而这种视知觉特性既可作为产品形态设计的目标对象，亦可成为衡量设计结果是否契合、适宜、有效、可信的范式和圭臬。基于产品、产品设计及相关领域学理与实践，产品形态应具有和体现出功能性、科技性与低熵性等视知觉特性，是一种"美的"视知觉语言；而依据符号学，产品语言的功能性、科技性等视知觉特性可纳入语义学的范畴给予认知，低熵性可诠释为语构学与语用学在产品视知觉领域的实施和映射，而"美"则既是这种符号语言设计谋求的"理想彼岸"，也是功能性、科技性与低熵性等视知觉特性的合效结果。

5.4.1 功能性

美国设计师彼得·沃克曾指出，所有的设计首先要满足功能的需要。人类的设计造物不是以造物为终点的，而是以满足人类需要为目的的，造物在满足需要的前提下，只作为一个手段而存在，价值在于其具有满足需要的功能。作为人类重要的造物内容与形式之一，产品的功能与人的需求存在着对应和映射关系，是产品得以存在的必要与必需条件，亦是产品及其设计各项属性的核心要旨（图5-54）。依循美国认知心理学家唐纳德·A.诺曼的观点，产品功能是以与人能量交换的方式达成的，产品与人"信息交换"的能力和水平直接关系到这种方式的成效性，而产品形态设计目的之一就是通过视觉符号的特质性架构，形成"信息交换"的有效和高效，并以此"回应"能量交换的成效性诉求。在一定认知层面上，这种"信息交换"的效力与产品语言的示能、意符、约束、映射、反馈和系统的概念模型等因素相关，即产品语言应能够提供其功能的操作线索、提示功能的执行方式、界定功能的实施区位、言明功能的对象、昭示功能的结果和呈现功能的整体面貌。功能是客观的，它能为用户所识别、认知、理解并应用，是知觉的意义性在发挥作用。产品语言既为产品功能提供了物质承载，又为其实施给予了视觉释义，更为其意涵反馈赋予了知觉

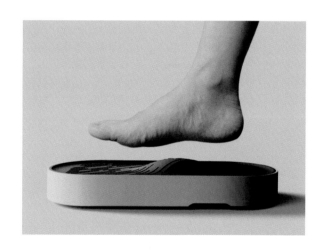

图5-54 体重秤设计
（设计形态成为敏感足弓的福音）

渊源。因此，对于产品而言，功能的核心价值及其与产品语言间的密切关系表明：功能性是产品语言最为基础与首要的视知觉特性与表征。

根据徐恒醇教授的功能层次理论，产品功能应包括实用、认知与情感（审美）三个层次与内容。其一，产品的实用功能是相对硬性、理性与关键的，它通常构建于人类相关科技的前提与基础上，是科学（自然科学、人文科学等）依托技术的现实印证、推演，是概念与理想模型的实际展现。实用功能界定了产品语言的基本框架与态势，构成的是产品语言的基本形（基础形）。该基本形应是能够确保实用功能有效发挥的视觉语言，是一类产品具有某种相对共性表象的重要因由与条件，显现的是产品形态领域的"同功似形"现象（图5-55、图5-56）。其二，基于符号认知理论，产品的认知功能是指产品具有引导、指示人们高效地获得产品使用方法的实用功能，并

图5-55　Lurssen超级游艇设计（流体力学充分彰显于艇身的形态语言）

　图5-56　WAVE——电视设计（液晶显像技术转化为电视的形态语言）

能进一步了解、掌握该功能与他物的关系、发展动力、发展方向及基本规律的效力，是某类产品具有"类"（性质或特征相同或相似的事物）属性的特质诉求与表象之一，呈现的是产品语言"功形关联"表征。产品的认知功能可根据用户视知觉形成的机理来实现产品语言"基本形"的调整、规划与重构。相较于产品的实用功能，产品的认知功能与其语言的视知觉特性关联更为密切与倚重，是语言视知觉的直接效应彰显，满足的是人类较为中级的需求，跨越的是实用功能的"执行鸿沟"（图 5-57）。

其三，根据情感及其设计的学理，产品的情感功能是建立在产品实用功能的合目的性与认知功能合规律性基础上，以用户情感与产品取得某种一致或共鸣为目标取向，是产品实用与认知等功能的延伸和增效，包括真感、善感、美感等多种的体悟、身受。以情感功能为主要取向的产品形态设计是达成一类产品"语言异化"的重要推手与缘由，即产品形态的"同功异形"表象。对比产品实用与认知功能的视知觉语言表征，情感功能诉诸的是"基本形重构"后的视知觉"再优化"，并能为产品语言的"设计定稿"给予较"高层级"的价值标准与评判依据（图 5-58）。同时，这些优秀的案例也表明：在一般情形下，产品功能的复合性与整体性会诉求与之对应的产品语言，具有多重、多向的视知觉取向，应是产品实用、认知与情感等诸多功能诉求的兼顾和统一。

图 5-57 Flowing light like water——台灯设计
（按键的不同"图示"设计，在提高操作可靠性、抗干扰性、提升效率的同时，亦可让人获得该产品的内部构造、性能特质等信息，进而推演与践行其他相关设备的使用方式）

图 5-58 三款摩托车近乎迥异的视知觉呈现，不同形态语言的情感功能属性具有重要的效用与价值

213

5.4.2 科技性

科学是关于自然、社会和思维的知识体系。其中，自然科学与产品构成的原理、机能等因素相关，是产品形态具有合理性表征的条件和依据；社会和思维科学研究问题的基点是人，达成的是产品形态合情性的渊源与因由。而与科学密切相关的技术，则主要是指解决实际问题的方法及措施，它既可以先进、合理的属性为产品的形态创设提供诱因与素材，亦可直接作用于产品形态，成为策动与引发产品形态架构的重要手段。在设计语境下，产品语言的科技性既是客观的必然与必要，更是其有别于手工造物、艺术造物等其他人类造物最为突出和典型的视知觉表征。值得关注的是，技术让我们的生活越来越好，也让我们常常无所适从。科技给予人的知觉认知往往是抽象的、讳莫的或难以明示的，"认知鸿沟"的存在意味着科技需要依循、历经一定方法与程序，将其"翻译"成通识性的语言，才能有效地转化为你我周遭富于现实意义与价值的产品（图5-59）。

图5-59　宝马氢动力概念车设计

产品作为科技由"阳春白雪"走向"市井众生"的"代言人""传话筒"，其语言的科技性首先表现为语言彰显的"科技印记"。作为科技支撑、运用与实施的对象与结果，产品语言势必被赋予了科技的相关属性，其视知觉特性可表征为三个方面：一是规范形、程式形，展示的是科学的严谨性、常识性与传承性。其中，自然科学给予的往往是原理形、函数形（图5-60、图5-61）；社会与思维科学提供的常常是文化形、逻辑形（图5-62、图5-63）。二是工艺形、质料形，传示的是技术的操作性、物质性（图5-64）。三是普适形、另类形，诠释的是设计本体及相关语境的科技意涵，映现的是设计的大众性、差异性等不同的价值取向（图5-65、图5-66）。

图5-60 采用动平衡原理的双轮车设计

图5-61 B&O无线音箱概念设计，符合贝塞尔函数曲线的造型

图5-62 敦鼎，约为战国早期器物，器身饰以"蟠螭纹"，并严格按对称分布

图5-63 英国镀银茶具，产于约1860年，器身饰有欧洲典型的"茛苕"纹样

215

图5-64　血压仪设计
（形态的工艺圆角、装配结构、材质肌
理等，昭示着产品的机能与加工属性）

图5-65　烘手器设计
（产品的形态语义具有较好的"通识性"）

图5-66　家具设计
（该设计是面向特定需求的孟菲斯风格作品）

　　其次，产品语言的科技性还呈现为语言的"时尚性"。科技是推动人类社会不断前行的动力，是人类文明的标志，代表着一个时代先进、积极与进取的主流价值观，更是为世人所普遍接受、认可的"时尚"。因此，作为与特定科技存在转化与映射关系的产品语言，应被视作一种"时尚语言"。这种语言通常拥有着数量庞大的"听众"，"诉说"的是观之明、明之行、行之美的多效内容，具有从众与个性的双重视知觉属性与表征，契合的是群体性和最大共识性的生理与心理诉求。如第一次科技革命时期的活塞、曲轴等"机械语言"，第二次科技革命时代的灯泡、焊机等"电气语言"，第三次科技革命背景下的数据、网络等"信息语言"及第四次科技革命的无线、触屏等"智能语言"等。

再次，设计既是科技人性化的重要因素，也是经济文化交流的关键因素。产品语言的科技性还体现为语言的"经济性"。产品的界定是相对动态、扩展与宽泛的，就狭义的产品而言，产品是工厂生产出来的，是作为商品向市场提供的，可引起注意、获取、使用或者消费，以满足欲望或需要的任何东西。基于该意涵，产品及其形态应具有生产领域诉求的加工性、批量性，流通环节需要的转运性、展示性，消费阶段关注的悦目性、价廉性及使用端诉诸的回馈性、可靠性等。而上述各项属性可解读为产出比、存流比、销售比与性价比等产品的经济学认知。包豪斯的创立者格罗皮乌斯曾言，产品应该是耐用的、便宜的。物美价廉，一直就是普通民众择选产品的基本取向，而物美价廉便则会与产品形的尺度、质的品相和匹配性等视知觉要素相关（图5-67）；同时，产品语言的经济性还表征于产品在使用过程中的效率性与合理性（图5-68）。而这种视知觉表征的达成，科技无疑是重要的依托与指向之一。

图5-67　东风日产Kicks

（该车长宽高分别为4295 mm、1760 mm、1588 mm，轴距2620 mm）

5.4.3　低熵性

美国硅谷创业之父保罗·格雷厄姆给予好产品形态的界定：产品形态应是简单、有序与熵值最低的。统计物理与信息论的视域下，低熵意指一个系统的低混乱度状态，即系统的有秩序性。因生命都是靠使外界的熵值提高来维持自己的低熵值，所以低熵性就成为对生命

图5-68　该设计是加湿器与氧生成器融于一体的优秀案例

（人）应有特性的描述。根据格式塔心理学家库尔特·考夫卡的心物场和同型论学说，以及中国古代哲学"以类相动"观点，作为与人及其相关系统存在密切关联性的产品，其形态语言必然被诉诸低熵的属性，应为其视知觉表征所必须与必要。

根据格式塔心理学及设计学相关学理，产品语言的低熵性可涵盖六个层面：第一，语言的简化性。相关试验表明：当一种简单规则的图形呈现在眼前时，人们会感觉极为平静，相反杂乱无章的图形使人产生烦躁之感。奥卡姆剃刀定律亦言明，保持事物的简单化是对付复杂与烦琐事情最有效的方式。因此，产品语言具有简化的视知觉特性既是确保其低熵性的有效手段，也是达成产品及其语言设计价值的重要途径之一。密斯·凡·德·罗的"少即是多"、彼得·沃克"物即其本身"和戴特·拉姆的"回归纯净，回归简单"等观点，便为产品语言以"简化"达成"优良设计"提供了理论佐证与行业依据。第二，语言的同构性。格式塔心理学派认为，平衡是人的一种自发的心理需要，而"同形同构"或"异质同构"则是实现这种平衡诉求的有效策略与方法。根据低熵体的条件认知，产品语言的低熵性是可以"同构"来实现，并以"同构"作为其视知觉表征。一般意义上，产品会由承担着不同"角色"的形、色、质等语言要素构成，这些不同属性、类别的语言若能合力地"讲述一个故事"，避免"乱力"的互相掣肘，必然被诉求"力"的同构性，即形、色、质等视知觉要素应是相近、相似或同源的（图5-69）。第三，语言的类比性。人在读取非语言符号的语义时，基本上是依照知觉类比原则进行的。依循产品语义学，产品语言的类比性是其视觉形式（能指）产生"既定知觉"（意指）的前提与保障，也是其能与相关系统

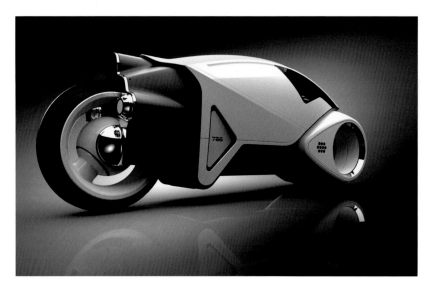

图5-69　"Tron"概念摩托车设计

（在流畅的整体形态中，"三角"与"圆"是产品语言的"主角和配角"）

（用户及其环境）达成"稳定关系"的条件和基础，更是确保产品能够有效、顺畅与共识地走向相关系统的依托和举措，实现的是产品语言生理与心理层面的低熵性诉求。在设计实践中，产品语言类比性可依据类比的素材原型、使用经历、既往认知等对象，以形式、质料及综合等方式达成，表现为具象与抽象两个取向（图5-70）。第四，语言的逻辑性。类比是一种主观的、不充分的似真推理，若要确认其结论的正确性，还须经过审慎的逻辑推演。产品语言具有逻辑性，既是其视知觉要素富于实效性的诉求，也是其整体品质低熵性的表现。产品语言不是单纯的视觉"唯美"，功能的核心价值诉求其应以功能及其效率为基点，需凭借适宜的逻辑规则、规律来处理、协调其与相关功能的对应、支撑与匹配等属性，达成二者有机、有效的因果关系，进而呈现低熵的视知觉表征（图5-71）。第五，语言的秩序性。秩序既是低熵的视觉形式，也是低熵的知觉目标。亚里士多德曾提出，美在于大小和秩序，而具有一定大小和秩序的事物，只有与人的视觉相吻合并与人的感受发生关系时才是美的。在具体实践中，产品语言的秩序性多以功能的高效实施及相关的美学法则为指向、循证予以架构，展现的是组织性、条理化与和谐的产品视觉表象，达成的是正常、良性和舒适的知觉反馈（图5-72）。第六，语言的系统性。基

图5-70 鹄——便携式缝纫机设计
（天鹅曲颈整理羽毛，寓意缝纫机能够"美化衣装"；抽象的"图示"说明了具体的功能）

图5-71 "哺育"电热水壶设计
（产品形态源自鸟类哺育后代，鸟喙的形态结构与"出水的温度调节"相契合）

图5-72 影音设备设计
（各种功能按键的形制区分、排列布局与颜色设定均体现出秩序性）

于符号的语用学观点，语言需要与特定的环境、对象构成一个和谐的低熵系统，才具有其应有的功效和价值。作为一种特殊类型的语言，产品语言不是一种"自言自明"的语言，它需要置于特定的语境系统中，讲他人听得懂、闻得明、合时宜的优美语言，并需与"听众"及周遭取得有效与恰如其分的共鸣。对于产品语言，这种视知觉系统性可表现为微观与宏观的三个层面：一是产品语言自身的视知觉系统性，即构成产品语言各视知觉要素间相互联系、作用、依赖关系的营建，这种关系应是以各视觉要素达成"物物合一"为目标；二是产品语言与用户的视知觉系统性，主要体现在产品语言的得体有度、因人而异，以"物我合一"为语言设计的视知觉取向；三是产品语言同环境（自然与人工环境）的视知觉系统性，彰显为产品语言"物境合一"的视知觉表征，即语言与环境的和谐共存与增益效应（图5-73）。

图5-73 咖啡机设计
（该设计采用"三角形"为基本形态元素，体现了稳定、理性、高效的视觉感观，适合于办公空间的属性与系统诉求）

根据唯物辩证法普遍联系的原理，产品语言具有的功能性、科技性及低熵性等视知觉特质不但是客观存在、彼此关联与辩证统一的，而且会因循切入视角的差异而呈现出包容性、开放性与拓展性。其中，功能性是核心性的，它需要科技性与低熵性等特质可行和效率的"优化"；科技性是必要性的，它需要功能性和低熵性等属性有效与目的的"确认"；低熵性是目标性的，它亦需要功能性与科技性等表征要素和关系的"维系"。值得注意的是，基于共性与个性的辩证关系，产品语言的各视知觉特性并非为所有产品的刚性兼有，一应俱全、巨细无遗的存在，百密一疏或此起彼伏不仅是允许的，而且是正常且必要的。这既契合于产品自身属性多重、多样性诉求，也是用户、环境等系统因素多层、多维性需求的使然。产品语言是一种共享性、公众性语言，强调是通识、引导、服务与融入等价值取向。依循2015年国际工业设计协会提出的设计目标与任务，在新的时代语境下，产品形态设计应以人们生存、生活质量的提升为要旨，依托产品形态语言的特质性构建，为人的需求给予"优而美"的"语言"解决方案，在经济、社会、环境和伦理层面为创造一个更美好的世界做出贡献。诚如美学大家张世英教授所言："人的生活境界分为四个层次，即欲求境界、求知境界、道德境界和审美境界，审美境界谓之最高。"产品是为人服务的，设计对于产品语言视知觉特性的认知与实践，其终极价值在于"美"的追求与呈现。

（1）正确与全面地认知、理解产品形态设计的原则，是达成产品设计形态有效构建的重要保证。

（2）产品形态设计的原则具有开放性、灵活性与拓展性，在指导如何开展产品形态设计的同时，也是评价其优劣的重要依据。

（1）各设计原则在产品形态设计中的表现方式与呈现形式。

（2）分析产品形态设计成功案例彰显的原则。

产品形态设计各项原则之间的关系。

产品形态与设计

CHANPIN XINGTAI YU SHEJI

第6章

产品形态设计价值与矛盾

1. 本章重点

（1）产品形态设计的价值剖析；

（2）产品形态设计面向的矛盾及其化解方法。

2. 学习目标

理解产品形态设计的价值内涵，明确这项行为需要面对的矛盾，构建相对科学、全面的产品形态设计观。

3. 建议学时

4学时。

6.1　产品形态设计的价值

马克思哲学认识论指出，价值是指客体能够满足主体需要的效益关系，是表示客体的属性和功能与主体需要间的一种效用、效益或效应关系的哲学范畴。就产品及其形态设计而言，产品是应人、环境及系统等需求出现的人造物，满足需求是产品的核心属性与价值要旨；产品形态作为产品的物质存在形式与价值达成的要件之一，其设计的价值必然紧密围绕产品、人及其相关系统的各项属性展开，并以此为取向与圭臬。其中，产品形态设计的直接价值集中彰显于产品形态的特质化呈现，其间接价值则表现为以产品形态为介质的各种效应与意涵。基于产品及其形态价值的属性与设计的特质认知，产品形态设计的价值具有多层次、多面向与多维度的内容涵盖，主要表征于四个层面：一是客体价值，即产品形态设计给予产品及其设计的效用；二是人的价值，即产品形态设计中人的主体和客体意义；三是系统价值，即产品形态设计对于其所处与构成系统的成效；四是本体价值，即产品形态设计及其结果的自身价值（图6-1）。

图6-1　Scenty咖啡机，让你的房间香味四溢

6.1.1　客体价值

产品形态设计是以产品形态为目标，通过对产品的点、线、面、体、色、质和动作、程序等诸多可视、可触、可感要素的创设，将产品及其设计的各种具有创造性、

建设性的属性与理念付诸以特质性的物态架构。作为一项设计工作，其价值是以产品形态为表象和介质来承载与彰显产品及其设计的效用。根据唯物辩证法的主客体理论，产品及其设计是产品形态设计的主要面向与要素构成，是其行为价值的客体对象。

首先，对于产品的价值判断是一项复杂议题，具有较强的主观性，需要将其置于某一特定语境下与特定用户群体中，才具有探讨与研判的可行性和可能性。相较于艺术品面向的小众化，生活中的绝大多数产品都是一类人群某项需求的映射，其价值对应的是群体利益的最大公约数，具有一定泛在化、民主性和普适性等特征。因此，基于产品这一特质诉求，产品形态设计的价值应是以目标人群相对"共性需求"的有效回应为基点，并着眼于三个主要视域：一是产品内涵表述的协调性；二是产品属性支撑的有效性；三是产品品质诠释的审美性等。因循徐恒醇教授的产品功能复合说，对于以实用功能为核心要旨的产品，其形态设计需以实用功能依托的技术、机构、材料等为工作的主要依据和契合对象，力求的是支持与满足实用功能发挥效能的可能性、可靠性和效率性。这类对象主要包括工具类、生产类、仪器类等产品（图6-2、图6-3）；对于产品的认知功能诉求，产品形态设计的效用在于产品"自明性"与"导向性"创设，即为产品信息（实施方法、使用方式等）的有效、高效传输提供易读、共识且简洁的形态解决方案（包括容错能力），以确保产品各项品质的完整、全面

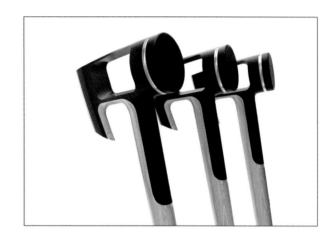

图6-2 为什么"偷工减料"的锤子和斧头的组合看似奇怪，却深得客户的心

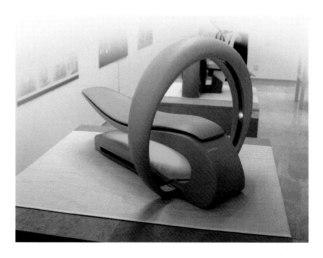

图6-3 CT机设计

表述。如"↑"释义"上"、糙面标示"接触"、蓝色指向"科技"等；而面向产品的审美功能，主要是指产品具有的被观"悦目"、使用"宜"、事后"美"的感观能效。为回应该诉求，创建富于视觉冲击力的表象、实用和认知功能的高效匹配、充满美好回味的体验等，是产品形态设计给予这种诉求的突出"贡献"（图6-4）。

图6-4　法拉利599GTB

（这是一款极富具有雕塑感的跑车，宾尼法利纳设计公司将V12发动机罩与两个热
空气扩散器有机融合一处，令人感受到一种强劲张力的同时，亦伴有一丝轻快的韵味）

其次，就产品设计而言，基于产品属性构成的多样性、系统性，产品设计应涵盖原理、技术、结构、材料及形态等诸多内容与工作面向，其行为的价值之一便是将这些不同类别的设计活动有机、有效地"整合一处"，使之以"合力"的方式作用于产品。根据李砚祖教授的"造物系统"观点，产品设计从属于人类造物系统结构的中层，它既区别于以合目的性为取向的艺术造物，亦不同于以合规律性为基点的手工与技术造物，是审美与实用的统一且与人的生活发生密切关系的物类创设。在产品设计的诸多内容中，形态设计的"技术与艺术兼具性"尤为显著。相较于原理、结构等设计侧重于产品内在品质的架构，产品形态设计属于产品表征的构建行为，它是将产品设计的创意、内涵及属性等转化为外显的物质形式，以达成产品内与外、无形与有形的关联和释义。作为产品设计的一项重要内容，产品形态设计的首要价值便在于为原理、结构等设计提供适宜的"栖所"和平台。如汽车发动机需置于车身之中才能确保平稳、正常地工作；而气缸、活塞则需机体的"围合"方可有效、高效运转。需要明确的是，产品形态设计在给予其他设计行为"保障"的同时，亦存在着彼此的互动效应：一是产品的原理、技术、结构等设计能够在一定意义上支配、左右与促进着产品

形态设计的取向与结果（图6－5）。值得
注意的是，仅凭借原理、结构等技术对
象的设计有时就能完成产品形态的全部
或雏形。如依据三角形稳定性原理的自
行车设计、扳手工作面设计等。二是产
品形态设计对技术对象设计亦具有一定
的策动力，能为其方案构思、技术路线
等给予艺术造物的魅力感召与思想启迪
（图6－6）。基于亚里士多德的成因论，
这是"形式因"的价值所在。

图6－5　LGL1940B型显示器设计
（LED与CRT技术的迭代，令显示器的
形态由"体"转变为"面"）

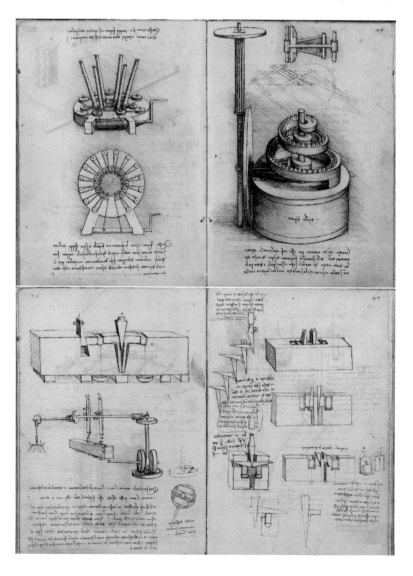

图6－6　机械装置
——达·芬奇手稿

6.1.2　人的价值

产品与人关联紧密，人既是赋予产品及其形态以"生命"并使其具有价值的主体，亦是受益产品价值的客体。产品形态设计虽发端于设计者（主体人），但其终极指向却是用户（客体人），是人的主体与客体以产品形态为介质的需求"表述与满足"。根据马斯洛的需求层次理论和马克思主义哲学，人的多层次需求可归类为物质与精神两个领域，其中的生理、安全需求可认知为人的物质需求，爱和归属感、尊重与自我实现则可解读为人的精神需求。

对于人的物质需求，除部分专业与特种设备外，大多数的产品均具有这样的特质：仅需短暂的查看、验证或简单的学习、训练，便可实现被认识、使用与发挥能效，即一眼即明、一点即通（图6-7）。不同于艺术品需经专业人士的良久审视、反复揣摩方能领略其真谛，产品形态的"群体面向"决定了其传示的信息应是直接、明了与易懂的。根据心理学家唐纳德·A.诺曼的观点，好的设计应具有可视性及易通性两个重要特征。其中，可视性是指所设计的产品让用户明白怎样操作是合理的，在什么位置及如何操作；易通性是指产品设计的意图是什么，预设用途是什么，不同的控制和装置起到什么作用。依循这一主张，无论是对于设计者或者用户，产品形态设计均应具有两个价值取向：一是产品形态的"示能性"创设，即产品形态的择取、处理需充分考量目标用户的认知习惯与心理，实现产品功用的完整释义，具备"被看懂"的特质；二是产品形态传示产品信息的准确性架构，即产品形态设计需以全面、有效地诠释产品属性和内涵为指向，并减少歧义解读的概率。现实生活中，我们何以能够在电商平台中快速地觅得心仪的产品，除了读取文字，更多的是依靠产品形态给予的信息，而这正是产品形态设计价值彰显的途径和效用之一（图6-8）。

图6-7　奥运火炬应征方案

图6-8　Ostrich办公产品设计，一眼即明其中的乐趣

基于马斯洛的需求顺序学说与唯物主义发生学，人的精神需求是源于物质需求达成的基础上。因此，产品形态设计需在有效满足人物质需求的前提下，才会具备服务于人精神需求的条件和可能，亦会拥有透过物质表象诠释精神意涵的空间和舞台，进而给予一件产品更多的附加价值。沿循既有的设计学认知，产品形态设计的精神价值实现可依托和凭借其形态语义的架构，借物咏志、借景抒情，主要体现为形态的寓意性、象征性、仪式性与体验性等取向的构设与营造。依据产品语义学的明示义与暗示义划分，该行为主要表征于形态具有积极与能动效用的暗示义创设，即着眼于追求产品具有意涵的表象构建；同时，产品形态的非语言特性标明：其设计应依照人的知觉类比原则来进行，并需充分考量语义形成的机理特点。值得格外关注的是，产品形态设计的灵感、线索无论是源于自然还是人为事物，都需要"解读"才能达成意义，而人类固有的差异性会使"解读"存在着较大的"变数"（图6-9）。根据IDEO总裁蒂莫西·布朗等提出的设计思维论述：设计师是运用技术上可实现的感性和手段来满足人们的需求，并通过可行的商业战略将其结果转化成消费者价值和市场机会。因此，就某种意义而言，只要用户做出购买行为并附有积极评价，就意味着设计价值的实现。产品形态语义创设的价值是不应"强求"相关人群回馈的对等和一致。

需要明晰的是，产品形态设计并非人需求简单而被动的价值回馈，一味地呈现"先问后答"的逻辑顺序，亦非是人所有需求的"有求必应"。首先，作为一项创造性行为，产品形态设计能够根据需求态势、专业分析、科学畅想等，在人们形成某种需求意向之前，便作出具有前瞻性与建设性的"先期预判"，进而引导人们需求内容的变更及价值走向的调整，达成"先有后需"的逆向启发效应，这种现象常常发生与体现于概念设计和主动设计等领域（图6-10）。基于这种价

图6-9 家具设计
（该设计既可理解为"魔方"的诠释，
也可解读为致敬"风格派"）

值考量的产品形态设计不是人既有需求的循迹,而是人类"见异思迁、喜新厌旧"心理的积极意涵。其次,人的需求既存在着物质与精神的层次差异,亦有"阳春白雪"与"下里巴人"的"雅俗"区分,更存在健康合理与消极谬误的相悖对立。产品形态设计虽以人为客体,但更需主体人冷静与理智的伦理考量。产品形态设计不应是人肆意妄为的"帮凶",在对人需求中的"正向部分"做出响应的同时,更赋有向"负面诉求说不"的斗争意识与价值底线(图6-11)。

图6-10 特斯拉自主电动钻机概念设计

图6-11 电子烟设计

6.1.3 系统价值

依循一般系统论，产品形态设计所处与构成的系统既包括产品与人、产品与产品、产品与生产等构成的以产品为基点的微观系统，亦涵盖产品与社会、文化、生态等人工与自然环境共同维系的宏观系统。根据物质守恒定律，产品形态设计达成的并不是感观意义上的物质创造，只是将既有的物质形态以设计的方式进行重新的规划、组织与架构，使其转换为人们所需求的另一种形态。因此，产品形态与所构成的相关系统存在着与生俱来的"血缘"关联，我们总是能在其形态中觅得自然或人的"痕迹"与"身影"。如仿生产品的生态机制来源，机械装备的自然科学根据，文创产品的人文思想因由等（图6-12）。基于哲学家文德尔班的价值关系说，产品形态作为相关系统中一名由人为创设的"新成员"，它必然与既有系统间发生彼此的关联和互为作用，具有价值的双向属性与效应。对于产品形态设计，这种双向价值主要涵盖两个面向：一是产品形态设计的主动价值，即设计对系统的能动与促进作用；二是产品形态设计的被动价值，即系统对于设计的制约和回馈效应。这种价值属性转化为设计的响应，必然诉求产品形态的创设需以相关的系统为参考系，并以与之达成融合、协调、能动与发展等关系为目标和圭臬。

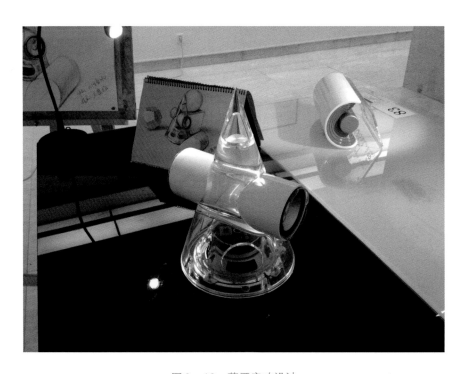

图6-12 蓝牙音响设计

其一，依循2015年国际工业设计协会提出的设计目标与任务，在新的时代语境下，产品形态设计应以提升人们生存、生活质量为基点，以在经济、社会、环境和伦理等层面创造一个更美好的世界为目标，依托产品形态的特质性构建，为人们需求提供形态层面的解决方案。这一明确的学科内涵决定了产品形态设计的系统主动价值取向，即产品形态设计必须为相关系统的和谐、共生与发展给予积极而有效的正向响应与良性回馈。同时，基于系统构成的包容性、庞杂性，产品形态设计的这种价值意涵应是多面向的，不但包括价值的哲学属性，还应涵盖经济价值、社会价值及生态价值等（图6-13）。

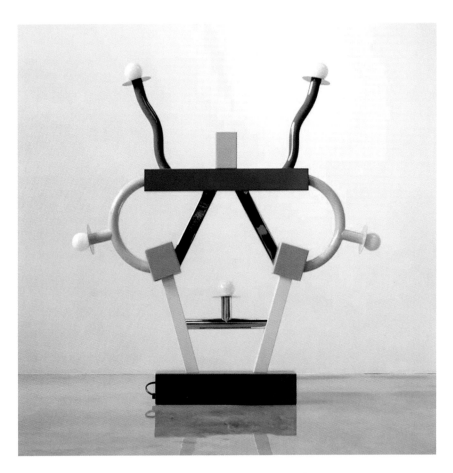

图6-13　Ashoka——灯具设计

（埃托·索特萨斯1981年作品。离开阿基米亚工作室的埃托·索特萨斯创办了"孟菲斯设计小组"。他们的作品多以物美价廉的木质材料为主，造型大胆、多彩明亮，强调装饰性和手工技艺的创造性。后来，这也成了一种重要的设计风格流派，将从"反设计"运动中获得的无限养分转化成为精彩的创作，从而对后世设计的发展产生了持续性的深远影响，直到今天仍为许多年轻的设计团体带来启迪）

其二，产品形态在构成相应系统一份子的同时，其设计行为亦应是被置于系统的有效存在与运行之中，是系统"有机链条"诸多创设活动中的"一环"。天将与之，必先苦之。产品形态设计达成的"新份子"预为系统平顺地接纳、高效地融入，必须正视系统给予的各种"掣肘和约束"，回馈系统必要的被认知、匹配、承载、共处等价值诉求。德国思想家约翰·沃尔夫冈·冯·歌德曾言："在限制中才显出大师的本领，只有规律才能够给我们自由。"可见，系统给予的种种"限制"具有辩证的逆向价值。作为人类改造自然、服务自身的诸多行为之一，我们所创设的产品形态可谓处处蕴含或彰显着大千世界和人类文明的魅力与光辉。德国已故设计大师卢吉·科拉尼认为：我所做的无非是模仿自然界向我们揭示的种种真实（图6-14、图6-15）。

图6-14 Infinissima胶囊咖啡机设计

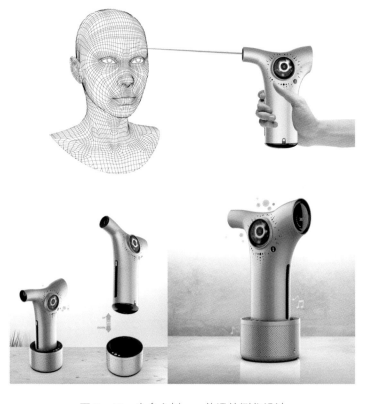

图6-15 生命之树——体温检测仪设计

大量成功案例表明：仿生设计是产品形态设计领域一种常见且行之有效的创设方法。追根溯源，我们在肯定设计师天才妙想的同时，大自然的"恩惠"也是不能被忽视与遗忘的。对于产品形态的仿生设计，这种价值是通过设计师的人为途径得以映射与显现的，而人与自然的"渊源"则是这种设计方略易得到认可的重要缘由之一，所谓异质同构、相似相溶。需要指出的是，仿生设计绝非是自然的简单描摹或单纯复制，设计者的能动效应亦发挥了积极且必要的作用。同时，作为人类文明的重要构成，产品形态设计及其结果在"丰富"着文明内涵与形式的同时，亦会为各类文明智慧所"浸染、洗礼"。荷兰设计师里特维尔德设计的具有鲜明风格派特征的红蓝椅，较之将优美艺术造型与功能舒适效果巧妙结合一处的洛可可风格椅子进行比较，可谓反差强烈、泾渭分明。学术理论与观念流派等人文思想的不同是出现这种异化表象的重要推手之一；而格力、松下、海尔等不同家电企业在特定时期推出的商业化产品，大都会呈现严谨而简约的形态。在看似与自然"无缘"的理性表象下，实则也是人类认知自然基础上对科技成果的运用（图6-16）。

图6-16　Airtamer（爱塔梅尔）
（便携式负离子可穿戴式空气净化器）

6.1.4　本体价值

自原始先人捡石打制、拾贝研磨开始，产品及其形态构建历经手工、机械、电子、信息等不同的科技发展阶段，逐步实现了人力为之、人力+机械、机械+人力、机械+智能等生产手段与方式的变革，可谓伴着人类文明演进一路走来。而与之密切关联的产品形态设计亦随着相关的科学认知、物质条件及工艺手段等要素的嬗变，慢慢"摆脱"了本体以外条件因素的桎梏，渐进地完成了从创设方式、维度到理念的丰富、拓展与蜕变，迎来了越发宽广的舞台和空间，具有了更多的价值内涵。依循符号学及产品语义学，产品形态可诠释为一种被赋予了产品属性的视觉符号，其设计的目的就是通过视觉符号的创设传达某种特定功能的诉求。符号学之父弗迪南·德·索绪尔认为，每种符号都有能指与所指两个层面意义。基于这一学理，对于产品形态价值的品评可沿循两个视角：一是符号的实用价值，即符号满足产品基础属性诉求的能力；二是符号的潜在价值，即符号自身蕴含和彰显的理念、寓意等（图6-17）。相较而言，前

图6-17　彩云追月——公共设施设计

（设计基于中国"彩云追月"的意符，诠释了悠然的休憩、饮水、泊车等功能）

者的价值内容相对确定，实施也相对容易而富于效率；而后者因涉及符号的解读，价值的研判往往存在着一定弹性与拓展空间。虽然分歧或异议时有发生，但后者却有着接续与延伸等的价值特质。因此，当下的产品形态设计越发地倾向于"所指"的关注，即在产品形态诸多设计方案均能有效解决产品实用诉求的前提下，着重考量、推敲与选取的是形态潜在语义更为契合、深刻的设计，尤其是对于专业性诉求不高或是有着明确意向的通用型、普适性产品，如摆件、家电、纪念品等（图6-18）。根据美学家张世英的观点，这反映与折射的是人在生活、生存条件改善之后需求内容与层次的更迭和跃升。而这种"更迭、跃升"便给予了产品形态及其设计身份与主要面向的"华丽转身"，使其具有相对独立的本体价值，即产品形态设计不再单一地服务、依存于产品，而是如同艺术创作一般，实现了特定意义上的"单飞"。

依循德国美学家本泽的主张，产品形态设计与艺术创作最本质的区别在于它的实用功能取向，即产品形态设计必须对人的实用需求给予切实而有效的解决答案。同时，产品形态设计所具备的审美价值，又能让它同艺术创造之间产生某种"暧昧关系"。纵观产品设计史，若将实用与艺术比作一架天平的两端，产品形态设计的价值取向则犹如天平的指针，一直处于左右摇摆之中。当产品形态从单一的实用价值"升华"为实用与审美的价值兼备或审美价值大于实用价值时，

图6-18　收音机设计

（花瓣和涟漪的语义与寓意）

它便不再是单纯的设计对象，而是具备了跳出产品"既定身份"羁绊的"能力和资本"，实现了价值从物质层面到精神领域的跨越，拥有了艺术对象的某种属性与特质。面向具有"单飞"能力的产品形态设计，其行为时常被赋予近似艺术创作的色彩，而其价值则主要表现为三个方面：一是强调形态创意中灵感、顿悟、体察等感性思维的效用；二是关注形态架构中均衡、对比、统一等美学规律的运用；三是属意设计结果的多方信息反馈（包括艺术、学术及应用等领域）。在堪称经典的诸多产品形态设计案例中，我们常会以艺术的视角来欣赏与品评其价值。这种可以被"欣赏的价值"不仅包括审美价值，伦理、知识、宗教等社会价值，效益、品牌等经济价值亦涵盖其中（图6-19、图6-20）。

图6-19 The Proust Armchair
（1978年意大利设计大师亚历山德罗·门迪尼的作品。关于这款设计的灵感，门迪尼曾这样写道："原本我想设计一种'普鲁斯特布'，但在参观了法国小说家马塞尔·普鲁斯特曾经生活与写作的地方后，我有了做扶手椅的想法。我找到一把现成的椅子，并选择一幅西涅克的画作局部作为覆盖椅子的图案，用一种朦胧的效果将椅子的形状彻底打乱。我希望达到的效果是使这件物品拥有其文化说服力。"）

图6-20 沙发设计
（意大利出现的"反设计"思潮所质疑的并非风格与样式上那些关于"美"的认知，而是对于整个工业生产模式的怀疑，也是对平庸的工业生产的一次灵魂拷问）

对于产品形态设计，形态既是产品各项属性的载体，亦是设计思想及其文化内涵的依托；而人对于产品的认知、理解与接纳也在一定程度上取决于产品形态设计呈现的表征。因此，剖析与理清产品形态设计的价值意涵与实施策略，对于产品、产品设计及其相关的系统均具有必要而现实的意义。同时，必须认识到：价值的内涵是丰富而复杂的，无论是基于经济学、关系学还是社会学，都很难得到令各方满意的释义。而针对具体的产品形态设计，其价值解读亦是一件有限篇幅内"物力维艰"的事情。这种"困境"不但和价值本体相关，而且与产品、产品设计及其系统等要素同样缺乏统一且完整的认知亦不无关系。但就产品形态设计而言，依循既有的设计学及其相关理论、实践，构建相对科学、全面和明晰的工作属性与取向的价值认知，无疑会对其行为的动因和标的形成积极的正向效应，并有助于其结果的衡量与品评，使之成为有法可依、有据可循的有目的、有意义的创设行为。

6.2 产品形态设计的矛盾

　　根据矛盾的普遍性与特殊性原理，产品形态作为产品得以存在的物质基础、视觉载体与价值依托，其设计的架构是在诸多相关矛盾因素相互作用、相互影响的关系中达成的，而各种矛盾因素也必然富于价值地作用于产品形态设计过程的始终，并在过程的不同阶段、向度与维度呈现出不同的内涵、特质与表征（图6 - 21）。

图6 - 21　Cooker是既可以煮饭又可以烤肉的电饭煲

6.2.1　供需矛盾

产品是为人服务的，是人需求、欲求的产物。作为产品的价值载体与视觉显现，产品形态是人需求得以满足，形成可视供需关系的重要物质依托与方式之一。就物质型产品而言，产品形态设计可诠释为设计者凭借对产品造型、色彩、材料等因素的组织、经营与架构，为人需求提供的产品物质层面的"答案"。人的需求同"答案"存在着映射性的矛盾关系，是促发"答案"形成的主要动因、重要的实施依据与关键的品评要素（图6-22）。

图6-22　IoT smart plug具有成本效益且技术先进的智能插头设计

首先，在人类学上，人被定义为能够使用语言、具有复杂社会组织与科技发展的生物，其需求具有多样性、源发性、主动性、动态性等特质。根据美国心理学家马斯洛的需求层次理论，人的需求可划分为生理、安全、爱和归属感、尊重和自我实现等五类需求，存在着由较低到较高的层次排列。就产品形态设计而言，若要对如此复杂、多层的需求均做出有效回应与高度满足，其难度不言而喻。同时，相较于人的需求，产品形态设计映射的行为及结果往往是个体的、后发的、被动的与静态的，无论在时间、空间还是心理上均处于"劣势"。因此，人的需求与产品形态设计间的矛盾常表现为供不应求、众口难调。习见的情形是面对琳琅满目、形态万千的产品，人们总是发出"千军易得，一将难求"的感叹！

其次，在具体的产品形态设计中，需求与满足的供需矛盾每每呈现出两种不同的形式。一是直接矛盾，这种矛盾主要表现在与人需求能够直接发生关系的产品中，比如座椅、家电、工具等（图6-23）。这类产品的突出特点在于其效用和价值直接面向人，人的生理、心理与情感等需求必须在具体的产品形态创设中得到有效的回馈和彰显。二是间接矛盾，这类矛盾凸显于为产品生产提供条件的产品中，如工程装备、加工机械、维护设备等（图6-24）。该类产品形态设计优先满足与服务的对象是与人能够发生关系的产品，实施与操作的可行性、效率性需求成为其形态设计首要考量的要素，人的需求是以其他产品为中介的形式间接得到满足。

再次，在需求与满足构成的系统中，还存在着个体与群体的点面矛盾。现代产品

图6-23　便携式办公用具设计

（设计以"书本、文件夹"为原型，整合了文件编辑、打印、媒体播放等常见功能）

图6-24　手电钻设计

形态虽然可划分为批量化与定制化两大类成品形式，但主流是批量化，仍是以一件设计面向多个用户的供需关系为主。在现有的生产、经营与消费模式下，产品形态的创设多由驻厂设计师或自由设计师的个体来完成。而设计展开的基点、路径则多以特定用户群体各项需求的最大公约数为坐标与向度，由此达成的产品形态更多彰显与满足的是特定用户群体的共性需求。如男鞋的尺寸常以39～42码为主，职业女士的箱包多具有暖灰的色彩倾向，婴儿用品多会采用富于韧性、稳定性的材料等。这是一种在设计和生产源头出现的"一对多"供给矛盾关系，而相关矛盾在消费与使用环节则转变为"多对一"的需求矛盾，即大量形态各异的同一产品与用户个体的采选问题。若某用户患有"选择恐惧症"，就会产生"幸福的烦恼"（图6-25）。

图6-25　健身车设计

6.2.2　思维矛盾

信息论指出：思维是人对新输入信息与脑内储存知识经验进行一系列复杂的心智操作过程。以思维对人言行起作用的角度和方法析之，思维可划分为理性与感性两种思维方式。对于产品形态的创设，其思维的萌起、演进与达成同产品及其形态设计的属性关联密切。根据李砚祖教授"人造物系统"的层级结构理论，产品从属于人造物系统结构的中层，其形态设计既区别于以感性思维方式为主要维度的"艺术造物"，亦不同于以理性思维方法为基本向度的一般性手工与技术造物，是实用与审美的统一，并且与人的生活发生最密切的关系。在产品形态设计中，设计者的"行事轨迹"常是徘徊、游走于"艺术理想"与"现实应用"之间。这种呈现出一定"矛盾"特质的工作属性与行为表征决定了产品设计师有别于纯粹的艺术家与工程师，注定了他们的命运是"戴着镣铐而舞蹈"（图6-26）。产品形态设计既有源自设计者理性思维的分析、推理与论证，也有灵感、顿悟和情感等设计者感性思维的身影，兼具

图6-26　潜航器设计
（设计源自"蝠鲼"的机能原理，采用磁力喷水式推进方式）

了理性与感性双重思维的属性与特征。其中，在理性思维引导下，产品形态设计可以按照一定科学方法与设计原则展开，具有一定逻辑与思辨的属性。因理而生、循理而行、据理而结、以理服人。产品形态设计中"理"的存在，一是源于产品及其形态创设的科技属性，二是基于特定时空语境下人们需求与欲求的"共识性"（图6-27）；与之相对，产品形态设计亦可表现为瞬时思想、观念的"灵光一现"，或是诸多素材、问题聚合在一起的陡然"茅塞顿开"，亦或由一个形象到另一个形象毫无征兆与因由的"华丽转身"，具有鲜明的直觉、灵感、顿悟与感知等感性思维特质。有感而发、行随情动、借物咏志、以情动人。在产品形态设计中，两种不同类型思维的存在，虽各具价值，但二者冲突、碰撞的负面效应亦不可漠然视之，必然在一定程度上导致或引发设计者逻辑的混乱与向度的摇摆，并显现于具体的形态表征（图6-28）。

图6-27 雨中即景——
　　　　整体灶具设计

（烟机采用"下行排烟"方式，烟机与灶台融为一体，宛如一幅立体的雨中图景）

图6-28 空中运输设备设计

同时，作为产品形态设计的接受方，用户亦会"陷入"理性与感性的斗争。基于克里·彭多夫的产品形态语义学，用户对于产品的认知需经历产品的辨明、自我验证、发现新形式和解读符号语义等四个阶段。无论是认知的哪一阶段，产品形态作为产品各种属性信息的重要载体，均扮演着关键角色。用户可依据自身的需求、阅历和经验等，通过产品形态的观、触、用，对产品的属性、操作及内涵等作出感性的体认；用户亦可在产品实际使用中，凭借对其流程设置、功效发挥与措施改进等问题的分析、论证及推演，构建产品及其形态的理性判断。至于用户最终的抉择，必然是感性体认与理性判断间矛盾斗争的结果。

6.2.3 转化矛盾

对于产品形态设计，设计师种种创新性、建设性的构思需经各类不同阶段、形式的实践转化，才能为他人所认知与解读。相较于标识、图案、影像等设计造物，产品形态设计的构思不仅需要依托手绘Sketch、电脑建模、模型样机等常见设计方法实践的有效表述，更需要来自科学技术、材料及其加工工艺、经营销售等相关产销领域实践的有力支撑。理想与现实的距离是客观、必然的，产品形态设计构思与实践的转化矛盾同样如此（图6-29）。

图6-29　便携影音设备设计
（无线蓝牙技术、蓄电池技术、ABS塑料及其成型工艺等因素，
都是这类产品形态必需面对的问题）

其一，在产品形态创设阶段，就目前的设计手段与方式而言，设计者最先面对的是构思与表达的矛盾，即如何准确、高效、全面地将头脑中的设计意向以手绘的方式呈现于纸面或屏幕，实现设计意向与二维物象的转化，在达成瞬间灵感与感性认知得到捕捉、获取的同时，完成二者间的有效互动，并在短期内取得外界必要的意见补足。该转化过程的矛盾表现为两个方面：一是想与做的矛盾，即设计者的构思与其手绘表现能力间的"心手一致"矛盾；二是想与说的矛盾，即设计构思与设计者语言表述间的"词能达意"矛盾（图6-30）。依照一般的设计流程，在Sketch研讨之后，后续的电脑辅助设计与模型样机制作属于相对理性的想与做矛盾。其中，电脑辅助设计阶段的突出矛盾为设计构思与设计者电脑应用水平的矛盾，体现为设计者的建模、渲染及相关的编辑能力同设计构思的诠释程度；而模型样机制作的矛盾则与设计者的动手技能、工具选择和制作条件等因素相关，表现为二维构思与三维实体的差异性（图6-31）。

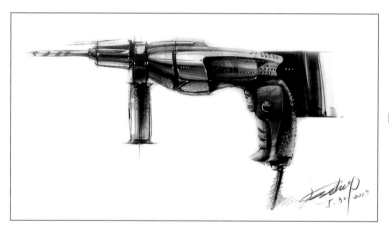

图6-30　手电钻Sketch

图6-31　交通工具模型样机

值得关注的是，现代设计的任务与目标之一在于赋予产品、服务和系统以表现性的形式（语义学）并与它们的内涵相协调（美学）。作为这一任务与目标的响应，产品形态设计不仅需要依托语义学表现产品设计的构思，还需要这种表现实践与其构思的内涵相协调，具有美学的价值诉求。因此，在产品形态创设阶段，设计者不但有着想与说、做矛盾的困扰，还存在着如何做、怎样做的矛盾。依循美国设计心理学家唐纳德·A. 诺曼的观点，好的设计有两个重要特征：可视性及易通性。基于该观点，设计者不仅要突破准确、全面地展示产品形态设计构思的实践转化矛盾，更要确保转化的实践是能为他人看得懂、懂得用的成果，而重视与处理好产品形态的可视性和易通性，无疑是需要攻克的难点和矛盾之一（图6-32）。

其二，产品形态设计实现由构思与实践的转化不是想当然的主观臆造，它需要相关科学、技术的依托、制约与保障。产品形态设计的构思往往是主观的、理想的，而其实践的转化则是客观的、现实的。科学、技术虽为构思与实践的转化提供了可能与可行，但实践的结果却未必是最初构思的完全映现（图6-33）。二者的矛盾决定了产品形态设计的构思不会是天马行空的任意放飞，自然与人文科学在为其插上合理与合情翅膀的同时，也制约、束缚着它的飞行能力和路线。如扳手的造型需遵循杠杆原理，汽车的改型需兼顾企业文化的传承；相较于科学侧重知识构建，重在知识应用的技术对于设计构思与实践转化的矛盾形成，作用尤为显著，特别是涉及相关的材料及其成型技术，其策动与约束力更为直接、实效（图6-34）。需要说明的是，产品形态设计构思能否得到最终的实践转化还取决于用户的接受能力。物美价廉，用户在追求产品形态具有美感的同时，价格因素同样重要，而产品价格的形成亦与其用材、工艺及流通、销售等实践因素构成矛盾。

图6-32 扫地机设计
（设计犹如一片绿叶，给予人以视觉与
功效一致的认知）

图6-33 参数化设计的Generico椅子，
重量减轻了一半

图6-34 云田加湿器设计

(作品对于"密度纤维板"的使用，充分考虑了材料的属性与工艺特点)

6.2.4 系统矛盾

当下我们生活在一个高度人工化的环境中，为人造物所包围，设计的重要性自然显现。根据李砚祖教授的"人造物系统"理论，物质型产品的形态设计是一项系统性的人造物活动。依循一般系统论及整体与部分的辩证关系，产品形态与用户及其共同维系和存在的环境能够构成一定相互依存、作用与制约的关系，并形成彼此具有"场"效应的系统。在产品形态设计的造物活动中，环境既包括产品形态与用户及既有产品形态之间等构成的以产品形态为基点的微观环境，也涵盖产品形态与社会、文化、生态等人工与自然环境共同建构的宏观环境（图6-35）。环境在为产品形态设计提供活动舞台的同时，也为其活动实施构造了一个具有一定限定、束缚与对抗效力的"场"，并能够深刻地左右、导向与回馈其形态的内在构成与外在表征，对其使用模式和行为模式亦会产生影响。产品形态设计不是一匹脱缰的野马，自由驰骋、随性而为。作为特定系统的构成要素，产品的形态设计可理解为在一定环境框架下，产品设计师凭借一定的自然与人工材料，在特定设计与生产方法的作用下，给予系统"新物种"，而这个"新物种"与系统既有要素之间必然存在着"新旧磨合""水土不服"等矛盾。就如同植物的品种嫁接、人体的器官移植，出现不良与排斥均属于正常的反应与现象（图6-36）。

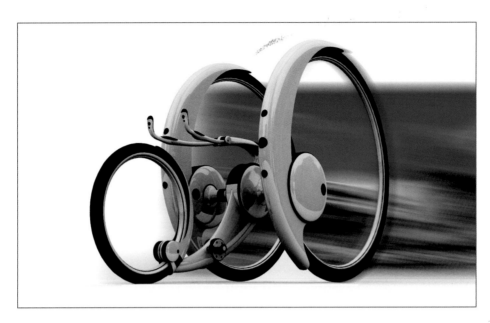

图6-35 "火韵"自行车设计

（突出特点在于采用了有别于其他自行车的三轮结构设计）

图6-36 家居收纳装置设计

（产品形态需要兼顾手机、铅笔、打印纸等相关物品的尺度与使用方式）

首先，就产品形态与用户构成的微观环境而言，系统矛盾形成于产品形态设计与人需求的直接对话。基于人因工学，产品形态的体量设定、色彩配置、质地选择等静态表征，以及其工作幅度、区域和频率等动态信息，均"受制"于人的生理、心理特质，并以操作使用的安全、高效与舒适为取向，即"机宜人"，反映的是人与机构成的系统矛盾。对于微观环境的另一面，在多数情形下，单一产品是不具有完整效能的，常需与其他产品构成有机的系统，才能为人所需、为人所用（图6-37）。因此，设计者在创设"新物种"时，必须面对"新物种"与预设环境中"既有物种"间在尺度、色彩、肌理及风格等方面的系统矛盾。

其次，对于宏观环境，其中的人工环境特指一定时期狭义的源自产品设计相关理论、思潮形成的本体语境，如通用设计、服务设计等，和广义上与产品形态存在关联属性的拓展语境，如一带一路、3D打印等（图6-38）；而自然环境则指向在特定时间和空间内，置身于产品周围，对产品形态具有直接或间接影响的各种天然形成的相对稳定的环境。与微观环境的系统矛盾所不同，产品形态设计与宏观环境的矛盾不具有直接对抗性，往往呈现出隐性的特质，主要表现为产品形态设计的学术理念矛盾、语境融合矛盾、生态发展矛盾等。譬如，巴洛克风格办公室的座椅、灯具及饰品的形态设计会面对奢华、夸张与不规则等特质语境的学理挑战；汽车公司推出的新车型会遭遇"家族脸"的文化羁绊；各式家居产品的用材亦需在适用与环保间做出取舍决断（图6-39）。

图6-37 早餐机设计

（形态不但需要考量相关食品的规格与加工工艺，还需要兼顾人的习惯操作方式与色彩心理等因素）

图6-38 电水壶设计

（电水壶是任何茶或咖啡爱好者必不可少的设备，在茶叶或烤咖啡豆领域，水温对最终的味道起着重要作用。韩国设计的SiDO Bon Kettle与众不同，IoT电热水壶拥有自己的蓝牙应用程序，提供精确的温度控制和令人愉悦的现代美学，同时满足了东西方人的价值诉求）

图6-39　布加迪电动摩托车概念设计（该设计传承了布加迪的DNA信息）

6.2.5　认知与化解

英国设计理论家布鲁斯·阿切尔曾言："设计是以解决问题为导向的创造性活动。"而问题就是事物的矛盾。矛盾的普遍性原理与唯物辩证法矛盾的对立统一规律启示我们：产品形态设计中存在的矛盾在一定条件下是相互依存的，各种矛盾的出现恰恰为产品形态设计工作的必要性提供了前提与基础，为其持续迭代、嬗变注入了源源的动力，并共同作用于产品形态的统一体中。产品形态设计的种种矛盾是客观与多样的，且并不以设计者或用户的一厢情愿而消除。产品形态设计正是在不断地认知、化解矛盾的常态中砥砺前行。"小矛盾"的弥合达成的是产品形态的迟迟吾行（图6-40）；"大矛盾"的冰释则昭示产品形态的焕然一新（图6-41）。

图6-40　咖啡机设计

（"改良小矛盾"令设计多了几分

"应然"，却少了几分"惊喜"）

同时，产品形态设计的矛盾解决，实质是矛盾双方各向自己相反的方向转化。这种转化不是单纯、一味地否定，而是辩证的纠偏与不足。倘若既有矛盾得到一劳永逸的抚平，而新生矛盾又被淡化或漠视，那么一以贯之的产品形态设计的价值及作用便会受到质疑，成为无病呻吟、矫揉造作的同义语。因此，产品形态设计中矛盾的存在是合理且富于价值的，苛求一件产品形态的设计能够化解与处理所有矛盾，显然是不公正、不现实，亦是不科学的。对于用户，审视、挑剔的眼光无可厚非，但更需有容乃大的心态；对于设计者，左支右绌与缩手缩脚不足取，正视并将矛盾视作设计的机遇与原动力，才是行事之道。

图6-41 神经元——垃圾箱设计

（以"神经元"为灵感来源，寓意产品的价值能够"牵动你我"）

其一，面对矛盾，设计者应构建理性、健康的设计观。根据国际工业设计联合会的设计界定，作为产品设计的重要构成与主要工作，产品形态设计的目的在于为产品以及其在整个生命周期中构成的系统建立起多方面的品质，并负有在经济、社会、环境和伦理层面为创造一个更美好的世界做出贡献的职责与任务。因此，面对诸多矛盾的挑战，设计者应以关爱之心、责任之心、道德之心及平常之心，积极、客观、理性和冷静地面对。在实践中，设计者应重视、敬畏来自各方合理、合情的矛盾，充分的前期调研、反复的多方论证与审慎的设计实施是必要与必需的。苦心人天不负，相信"实力+心态+执着"能够换来矛盾的云开雾散。而阳春白雪与下里巴人的道理，亦应是设计者需秉持的乐观心态与具备的朴素认知；同时，作为矛盾的任意一方，其诉求不免是一隅之说或顾此失彼。设计者要勇于担当，敢于向种种不良或负面的矛盾"说不"。良药苦口利于病，忠言逆耳利于行。设计者对于矛盾的回馈不应是一味、不加辨明地"屈从"，而应是以纠偏导正与补偏救弊的策略与方式予以"回击"（图6-42）。

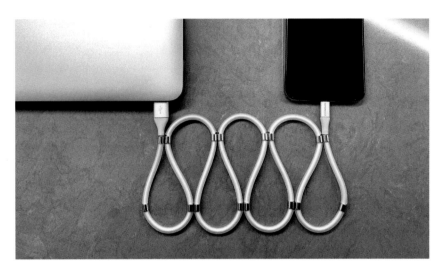

图6-42 Super Calla Easy-Coil 充电电缆设计

（一款向杂乱无章说NO的设计）

其二，产品形态设计所要解决的矛盾不但具有纵向的延续、重生等特质，而且常会呈现出横向的叠加、多维等复杂性。鱼，我所欲也；熊掌，亦我所欲也的矛盾，可谓时刻围绕、应接不暇。对于如此矛盾，再完美的产品形态设计都不可能成为一举多得、包罗万象的"解题神器"，更无法做到面面俱到、左右逢源的"有求必应"。设计工作必须采用科学、有效的应对策略和遵循契合、明达的化解原则，在主次、大小、先后等不同类型矛盾间作出符合设计价值取向的判断与选择。明确目标、因地制宜；统筹兼顾、适时突显。盲动盲从、舍本逐末，只会将貌似深谋重虑、策无遗算的设计做成"一锅夹生饭"（图6-43）。

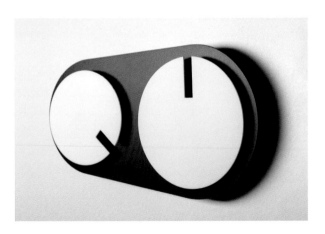

图6-43 Dialogue Clock 的独特设计吸引了人们的注意力，但却难以读出"精确时间"

其三，产品形态设计虽总是与各种矛盾相伴相生，但二者并非一成不变的"问与答""先与后"的主被动关系。设计有来自客观利益的驱动，也应有来自设计深层价值思考的推进。在产品形态设计的矛盾化解中，设计者可以新的视角与向度界定自身的角色，变后发为引导、化外压为自发，以主动式设计掌控与引领设计的走势与矛盾的话语权。依循清华大学方晓风教授的观点，设计者应当审慎而富有创造性地使用手中的权力，而不应在商业利益的裹挟中放弃权力。产品形态的主动式设计，发端于设计者专业的深广研究、职业的敏锐洞察，并历经市场的科学预测、机会的前瞻捕捉与设计的精心打造，才有后续的推广应用。在此过程中，设计者扮演的是产品形态设计的矛盾提出者、化解者与推介者，占据了矛盾的相对主导地位，具有极大的心理优势和行事空间。当下各个生产厂家、设计团体与个人举办的新品发布会便是这一矛盾角色转换的印证与价值体现（图6-44、图6-45）。

图6-44　座椅设计

（设计师尼古拉斯·汉密尔顿·霍姆斯
呈现的黑色艺术观念系列作品之一）

图6-45　BMW发布的Next 100摩托车

在产品形态的设计与构建中，矛盾的内容、形式会因产品的类型、用途及功效等因素的差异而有所不同，亦会因设计者、用户与环境等系统要素的转变而大相径庭，但矛盾层出不穷、时时刻刻的存在却是不争的事实。现阶段能够达成的共识：矛盾是产品形态设计无法回避且不可或缺的，是其工作常态化的基本构成与根本属性；对于产品形态设计中矛盾的认知与化解，这既是一项具有互动性的理论和实践工作，也是一个动态发展的领域和体系。只有不断地深入、拓展与丰富相关矛盾的认知，并依托大量的设计实践检验，才能确保矛盾化解的相对科学、全面与有效。

本 章 小 结

（1）产品形态设计是一项涉及客体、人、系统及其本体等极富价值的创造性活动。

（2）相对科学、全面地正视产品形态设计中的各种矛盾，既是有效开展其工作所必需，也是其工作价值的彰显。

习 题

针对一件成功的产品设计作品，分析其形态设计的价值内涵及其化解矛盾的方略。

课 堂 讨 论

在现代设计活动中，产品形态设计与其他设计行为的关系。

参考文献

[1]（美）唐纳德·A.诺曼. 设计心理学：情感设计［M］. 何小梅，译. 北京：中信出版社，2012.

[2]李砚祖. 艺术设计概论［M］. 武汉：湖北美术出版社，2009.

[3]（美）斯滕伯格. 认知心理学［M］. 北京：中国轻工业出版社，2000.

[4]左铁峰. 产品设计形态语言［M］. 沈阳：辽宁美术出版社，2015.

[5]柳冠中. 事理学论纲［M］. 长沙：中南大学出版社，2007.

[6]（美）鲁道夫·阿恩海姆. 艺术与视知觉［M］. 滕守尧，译. 成都：四川人民出版社，2006.

[7]（德）迈克尔·厄尔霍夫. 设计辞典：设计术语透视［M］. 张敏敏，译. 武汉：华中科技大学出版社，2016.

[8]（美）库尔特·考夫卡. 格式塔心理学［M］. 李维，译. 北京：北京大学出版社，2019.

[9]（法）马克·第亚尼. 非物质社会［M］. 滕守尧，译. 成都：四川人民出版社，2008.

[10]王默根. 视觉形态设计思维与创造［M］. 北京：机械工业出版社，2011.

[11]李砚祖. 造物之美［M］. 北京：中国人民大学出版社，2003.

[12]（美）赫伯特·西蒙. 人工科学［M］. 武夷山，译. 上海：上海科技教育出版社，2004.

［13］魏宏森. 系统论［M］. 北京：世界图书出版公司，2009.

［14］吴翔. 设计形态学［M］. 重庆：重庆大学出版社，2008.

［15］（美）马斯洛. 动机与人格［M］. 马良诚，译. 西安：陕西师范大学出版社，2010.

［16］张耀引，任新宇. 产品形态设计［M］. 北京：中国水利水电出版社，2013.

［17］李翔德，郑钦镛. 中国美学史话［M］. 北京：人民出版社，2011.

［18］高力群. 产品语义设计［M］. 北京：机械工业出版社，2010.

［19］（美）约翰·赫斯克科特. 设计，无处不在［M］. 丁钰，译. 南京：译林出版社，2009.

后 记

产品是我们日常生活中如影随形、时时相伴的对象，也许正是基于此，每每谈起产品是什么？产品设计做什么？产品形态设计的价值是什么？什么是好的产品、好的设计？……我们总是言如泉涌、品头论足，却又常常言不尽意、莫衷一是。产品、产品设计、产品形态设计绝对可以称得上是"熟悉的陌生人"。就实践历史而言，从人类打制石器计起，产品、产品设计与产品形态设计可谓与人类一样"年长"；就学术沿革而言，从德国包豪斯学校创建至今，现代意义的产品设计理论诞生不过百年，相较于数学、物理学与哲学等，冠以"婴儿"的称谓不足为过。对于这样一位"年长的婴儿"，有利的是，相关领域大量而丰富的理论与实践成果可以促使"婴儿"快速成长，使其时时受到"呵护"，具有后发优势；不利的是，几乎"零门槛"的现实，使得人人都可以"教育"这位"年长的婴儿"，令其常常倍感"压力"、无所适从。

屈指算来，学习产品设计在不知不觉中已近30年。从舞象之年到年近天命，对于这个专业，虽然称不上一见钟情、爱不释手，但也深感志满意得、一丝不苟。百余项奖项、几十篇论文、十余部图书……权且视作自己不忘"专业初心"的不断践行吧！回首职业生涯，苦辣酸甜，自不必多言。时至今日，总是想把一些有限且自觉"有用"的认知、想法整理出来，与他人分享、共勉。一则是对自己还算努力工作的"小结"，二则是借此向昔日师长与当下同行的致敬，三则是希冀"小结"

可以成为专业后学前行的"路石"，当然也是对多年陪伴自己的家人的"回馈"……从一年前的动议萌生，至夏末秋初的成稿，30年相关领域的从业经历、学习心得与实践体会终于"瓜熟蒂落"，虽有些疲惫，却也得偿所愿。正如上文"年长的婴儿"的说法，产品设计专业的相关理论架构与实践落实离不开"他人扶持"，在书稿中对前辈、专家、同行优秀理论和实践成果的引用与借鉴，在揖礼谢过的同时，也期望得到理解与体谅。

2020.08，琅琊山下